ÉDITH TAI

MW01710677

LIVRE DONNÉ

Développer les compétences sociales des adolescents
par des ateliers de parole

RETZ
www.editions-retz.com
1, rue du Départ
75014 Paris

Remerciements

Ce livre n'aurait pas existé sans la demande de plusieurs personnes travaillant ensemble dans le même lycée d'enseignement général, technologique et professionnel.
Je remercie le proviseur, Sylvie Lemaître, qui a permis l'expérimentation et la mise en place, dans le lycée qu'elle dirige, d'un atelier de parole avec des élèves et des membres du personnel. Je remercie Carmen Murano et Catherine Sarret qui ont eu l'initiative de cet atelier. Je remercie également Sandrine Gaudry, Laure Lafage, Jérémy Loubet, Françoise Molas, Anne Arouh, Alexandra Doelenne, Caroline Durchon, Michèle Garfaoui, Béatrice Giraudeau, Frédéric Le Meur, Claire L'Huillier, Antony Perkins, Véronique Séjalon qui ont participé aux premières sessions de l'atelier de parole.

Je remercie François Goddet qui a réalisé certains dessins de l'ouvrage.

Dans un objectif d'autoformation, le lecteur de cet ouvrage pourra visionner une vidéo sur le site des éditions Retz :
http://www.editions-retz.com

ISBN : 978-2-7256-2676-5

Sommaire

Introduction

Cet ouvrage est le fruit d'une expérience menée en milieu scolaire dans un lycée polyvalent du département du Val d'Oise. Il résulte d'une commande exprimée par des membres du personnel, particulièrement impliqués auprès d'élèves en difficulté d'adaptation sociale. Ces personnes souhaitaient mettre en place, pour ces jeunes, un dispositif de soutien afin de les prendre en compte dans leur globalité d'être humain et de leur permettre de s'exprimer, à certains moments et dans l'établissement, plutôt en jeunes qu'en élèves.

L'atelier de parole a initialement été conçu pour des jeunes ayant des difficultés à la fois sur le plan relationnel à l'égard des adultes de l'établissement, et d'adaptation aux règles scolaires. Mais il peut être proposé à des jeunes ne présentant pas de difficultés particulières. L'atelier de parole proposé ici n'est pas un groupe de parole à vocation thérapeutique ou rééducative. Il n'est pas non plus un lieu de débat argumenté, comme il peut en exister dans la classe. Il est un espace d'échange et de discussion sur des thèmes généraux qui intéressent chacun en particulier. La caractéristique principale de cet espace, fortement réglementé, est de faire appel au témoignage, au ressenti de chacun : on y parle en son nom, on s'y exprime en disant « je », mais on ne se raconte pas, sans limites, devant les autres.

Lorsque l'atelier de parole est proposé à des jeunes en difficulté, dans le cadre de l'établissement ou de la classe, il est nécessaire de leur présenter individuellement cette proposition car certains d'entre eux ne souhaitent pas y participer. Ils ne perçoivent pas leurs difficultés ou les minimisent. Ils ne perçoivent pas l'intérêt et les effets possibles de l'atelier de parole sur leur personne, ne l'ayant jamais expérimenté. Les interlocuteurs de ces jeunes prennent le temps de leur expliquer l'atelier, son déroulement, les exercices employés et leurs effets dans la vie personnelle et sociale de ceux qui ont déjà participé à un atelier de parole.

L'atelier de parole a été spécialement conçu pour l'univers scolaire, mais il peut être utilisé et adapté à d'autres cadres, dans les centres sociaux et culturels notamment. Il est animé par des membres du personnel de l'établissement scolaire, tous volontaires pour changer de « posture mentale » durant le temps de l'atelier, en devenant des participants-animateurs aux côtés de participants-jeunes. Le fonctionnement de l'atelier de parole s'appuie sur des exercices qui représentent essentiellement des occasions de parler, dans le respect les uns des autres. Les animateurs accompagnent le déroulement des exercices en y participant eux-mêmes et en stimulant la parole des jeunes.

La formation préalable des futurs animateurs de l'atelier de parole est nécessaire, notamment en milieu scolaire, afin de trouver le positionnement adéquat pour faciliter l'émergence d'une parole dans le cadre du groupe. Le premier chapitre de l'ouvrage donne des indications précises sur la posture de l'animateur. La formation peut aussi s'appuyer sur l'expérimentation des exercices par les futurs animateurs volontaires entre eux. Ils devront alors prendre le temps, au cours de ces exercices, de parler ensemble afin d'ajuster leur positionnement pour acquérir les attitudes spécifiques à l'animation d'ateliers de parole.

Les lecteurs trouveront dans le premier chapitre de l'ouvrage les réponses aux nombreuses questions qui se posent lorsque l'on désire mettre en place un atelier de parole avec des jeunes. Les réponses et les outils proposés au cours du chapitre peuvent être réaménagés, modifiés, voire transformés en fonction des réalités locales.

L'ouvrage propose ensuite cent exercices utiles pour animer plusieurs séquences de l'atelier de parole.

Chaque chapitre est composé d'une série d'exercices papier-crayon, relationnels ou corporels, qui abordent le thème exposé en titre de chapitre par des approches différentes. Après une présentation générale du thème et des objectifs à atteindre, les exercices sont présentés successivement et sans progressivité. Les animateurs peuvent choisir, pour commencer les échanges, l'un ou l'autre des exercices. Les objectifs, les manières de présenter et d'utiliser l'exercice avec des jeunes, les explications du déroulement, les consignes, les facilités et difficultés rencontrées au cours de la passation, et enfin les conseils sont explicités.

Les exercices papier-crayon s'appuient sur un document destiné à chaque jeune. Ce document peut être photocopié, agrandi si nécessaire, découpé et distribué à chaque participant pour une utilisation immédiate durant l'atelier de parole. Les réponses à cet exercice peuvent se faire soit par écrit sur le document, soit oralement dans le cadre d'un échange verbal entre les participants.

Les exercices relationnels et corporels sont exposés aux animateurs qui doivent les mettre en œuvre oralement, sans support concret pour les participants-jeunes.

L'animateur choisira, parmi les exercices mis à sa disposition dans les différents chapitres, ceux qui lui paraissent les plus adaptés aux « profils » des participants. Dans un même chapitre, certains exercices sont faciles d'accès, présentent un caractère ludique et semblent adaptés aux collégiens ; d'autres, longs et plus complexes, sont adaptés aux jeunes des classes de 1re et de terminale.

Certains exercices papier-crayon demandent aux animateurs un travail de préparation avant de les présenter aux participants-jeunes. Des indications sont données à la fin de l'exercice, comme, par exemple, « Se familiariser avec les notions présentées ». Il est nécessaire que les animateurs acquièrent des connaissances sur les concepts proposés ou étudiés dans l'exercice, notamment en lisant le texte qui précède ou suit l'exercice et qui explicite brièvement les notions ou en se reportant, lorsque cela est indiqué, aux annexes qui proposent des réponses aux questions de l'exercice. Il est utile aussi que les animateurs se familiarisent avec le déroulement de l'exercice et les questions posées en l'expérimentant eux-mêmes et entre eux. Ils réalisent l'exercice en suivant les consignes. Ils répondent aux questions en s'appuyant sur leurs expériences personnelles. Ils racontent des faits. Ils parlent de leur vécu. Ils expriment ce qu'ils ressentent. Ils réagissent aussi aux récits des autres participants- animateurs lorsqu'ils produisent en eux des effets de sens ou de résonance.

Après avoir pris connaissance des exercices contenus dans un chapitre, l'animateur peut bien sûr élaborer lui-même de nouveaux exercices à proposer aux participants.

Approche générale de l'atelier de parole

partie
1

chapitre 1

Mettre en place un atelier de parole avec des adolescents (dans le cadre scolaire) en 12 questions-réponses

chapitre 2

Apprendre à se connaître soi-même

Exercices 1 à 9 :

chapitre 3

Apprendre « l'autre », à accepter les autres et à vivre en groupe

Exercices 10 à 25 :

chapitre 1

Mettre en place un atelier de parole avec des adolescents (dans le cadre scolaire) en 12 questions-réponses

1. L'ATELIER DE PAROLE POUR ADOLESCENTS, QU'EST-CE QUE C'EST ?

C'est un espace et un moment qui sont proposés, durant un temps donné, à des adolescents (élèves d'un établissement scolaire) pour leur permettre de réfléchir, de parler et d'échanger entre eux et avec des adultes-animateurs sur des sujets généraux et universaux. Ces sujets concernent l'individu ou la personne qu'ils sont en train de devenir dans son rapport à lui-même, à l'autre, aux autres et à la société.

C'est aussi un dispositif de soutien aux élèves qui posent, par leur comportement, des problèmes récurrents à l'institution scolaire.

1

L'organisation d'un atelier de parole

L'atelier de parole réunit autour d'une table huit participants : six jeunes au maximum et deux animateurs (trois jeunes au minimum et toujours deux animateurs).
Chaque séquence de l'atelier de parole dure entre 1 h 30 et 2 h.
L'atelier de parole se déroule, au minimum, sur cinq semaines consécutives. Il comprend une séquence par semaine.
Dix séquences réparties sur dix semaines consécutives seraient souhaitables, pour des jeunes présentant des difficultés relationnelles.

2. QUELS SONT LES OBJECTIFS IMMÉDIATS ET LOINTAINS DE L'ATELIER DE PAROLE ?

Les personnes qui souhaitent mettre en place un atelier de parole définissent elles-mêmes le ou les objectif(s) de cet atelier, parmi ceux énoncés ci-dessous.

Objectifs institutionnels

Prendre en compte la souffrance personnelle et sociale des élèves comme facteur producteur ou aggravant de difficultés scolaires.

Proposer une alternative à l'exclusion des élèves en difficulté sur le plan de l'adaptation à la vie de la classe, aux règles scolaires.

Permettre aux membres du personnel qui animent cet atelier de changer de postures mentale et sociale à l'égard des élèves qui y participent. Les animateurs deviennent attentifs à la personne de l'adolescent. Ils oublient momentanément l'élève qu'il représente.

Permettre à certains élèves, intéressés par la connaissance de soi et les relations entre les personnes, d'échanger sur ces notions, entre eux et avec des adultes de l'établissement.

Permettre à des adolescents d'améliorer leurs capacités d'expression personnelle devant les autres, dans le cadre d'un groupe.

Objectifs individuels

Prendre en compte la personne de l'élève dans ses composantes individuelle et sociale.

L'aider à mieux se connaître, lui redonner confiance en lui, en étant attentif à ce qu'il dit.

Améliorer l'état de bien-être de l'adolescent-élève dans l'espace scolaire.

Permettre à l'adolescent d'acquérir, de manière explicite, les savoir-être, les savoir-faire et les compétences nécessaires pour pouvoir s'adapter aux exigences sociales, à la vie d'un groupe non choisi.

Repérer et mettre au jour les difficultés spécifiques que peut présenter chaque adolescent afin de lui proposer, ensuite, un dispositif adapté pour les résoudre.

Objectifs relationnels

Créer des liens nouveaux entre les adolescents et avec les animateurs.

Faciliter la communication entre des personnes de statuts sociaux divers et issues de générations différentes.

Améliorer les relations futures de ces élèves avec les membres du personnel de l'établissement.

3. À QUI S'ADRESSE L'ATELIER DE PAROLE ?

L'atelier a été conçu pour des élèves qui présentent des difficultés d'adaptation aux situations sociales et aux lieux qu'ils fréquentent. Mais il peut être aussi proposé aux élèves qui souhaitent parler et échanger avec d'autres sur des questions personnelles, sociales, de santé publique, de société, etc.

Exemple :

Le lycée polyvalent de J. organise plusieurs ateliers de parole au cours de l'année scolaire. L'un d'entre eux est proposé à des jeunes impliqués dans des activités de l'établissement (membres du conseil de vie lycéenne, délégués de classe, etc.) ou simplement intéressés par l'atelier de parole. Les moments d'échanges entre ces jeunes et les animateurs sont particulièrement appréciés par les uns et les autres.

Durant les séquences de l'atelier de parole, les participants-jeunes ne sont plus perçus comme des élèves, mais comme des individus, des personnes, des adolescents ou des jeunes.

4. COMMENT ANIMER UNE SÉQUENCE TYPE DE L'ATELIER DE PAROLE ?

L'animateur est une personne qui travaille dans l'établissement scolaire. Il a exprimé son intérêt pour l'atelier de parole et son désir d'y participer. Il apprend, au cours d'une ou de deux demi-journées de travail, avec les collègues déjà formés[1], à se familiariser avec les différents exercices contenus dans cet ouvrage et avec le déroulement

1. L'auteur organise, sur demande, des formations à l'animation d'ateliers de parole avec des adolescents. La lecture de ce chapitre peut être formative, à condition que la démarche soit collective, afin que les futurs animateurs trouvent ensemble la posture adéquate à l'animation.

d'une séquence de l'atelier de parole. Il expérimente les exercices avec ses collègues. Il découvre les manières d'animer le groupe d'échanges et la posture qu'il doit tenir durant cette animation à l'égard des participants-jeunes. Il ne se positionne plus devant eux comme un enseignant, mais comme un animateur, facilitateur de parole, et un régulateur des échanges.

Il débutera dans l'atelier de parole en tant qu'observateur aux côtés de collègues déjà familiarisés avec l'animation de ce type de groupe. Il est souhaitable que l'atelier de parole avec des adolescents soit co-animé par deux animateurs.

2 Les fonctions des animateurs dans le cadre d'un atelier de parole

- Accueillir les participants-jeunes et accueillir les animateurs.
- Prendre le temps, lors de la 1re séquence, de faire connaissance les uns avec les autres, de fixer, d'expliciter et de discuter tous ensemble les objectifs de l'atelier et le cadre dans lequel vont se dérouler les échanges : participation, interactivité, écoute, non-jugement, discrétion[2].
- Se porter garant de ce cadre au cours des rencontres suivantes.
- Proposer successivement aux jeunes des exercices corporels, relationnels et réflexifs.
- Accompagner la découverte et la réalisation des exercices par les jeunes.
- Créer les conditions favorables aux échanges entre les jeunes.
- Faciliter la prise de parole de chaque jeune et réguler les échanges entre les participants.
- Les animateurs participent à la discussion, s'ils le souhaitent, en apportant chacun leur témoignage.
- Stimuler le débat, en apportant des éléments généraux de réflexion.

Lorsque l'animateur participe à la discussion aux côtés des jeunes, il s'exprime sur son propre vécu ou ses propres expériences. Il prend soin de se positionner non comme un enseignant porteur d'un savoir, mais comme « un témoin », porteur d'une expérience singulière. Il ne cherche pas à imposer sa parole aux jeunes. Son point de vue devient un point de vue parmi d'autres. Il le propose aux participants, au même titre que chacun d'eux. Il veille aussi à ne pas justifier ses positions si l'un des jeunes l'interpelle dans ce sens. Il ne se sent ni déstabilisé, ni remis en cause par cette interpellation. Il rappelle, si nécessaire, la règle de respect des propos énoncés par les uns et les autres. Il n'entre pas durablement dans un échange personnalisé avec un seul interlocuteur.

2. Les règles sont détaillées dans la question 5 « À quelles conditions l'atelier de parole peut-il fonctionner ? », p. 15.

5. À QUELLES CONDITIONS L'ATELIER DE PAROLE PEUT-IL FONCTIONNER ?

L'atelier de parole se distingue nettement de la classe, par les caractéristiques suivantes.

▷ **Le travail proposé dans l'atelier de parole s'inscrit dans le champ des sciences humaines** alors que le travail proposé dans la classe, s'inscrit dans le champ des sciences exactes. Lorsque l'on s'exprime dans le champ des sciences humaines, on occupe la position de témoin puisque chacun parle de ce qu'il vit, de ce qu'il ressent, de ce à quoi il tient, de ce qu'il est… Ce témoignage personnel ne peut pas être soumis à évaluation puisqu'il représente une expérience singulière. Lorsque le témoin parle avec sincérité, il exprime sa propre vérité, qu'il confronte à celle des autres. Il s'enrichit de la diversité des témoignages énoncés quand il accorde de la valeur à la parole des autres.

Par contre, lorsque l'on s'exprime dans le champ des sciences exactes (mathématiques, physique, chimie, etc.) on y parle de ce que l'on sait, on y tient des discours « savants ». Ces discours sont évalués en fonction de critères précis qui permettent de distinguer les connaissances exactes des connaissances fausses ou erronées.

Exemple :

Une jeune femme témoigne : « Lorsque j'étais élève au collège et au lycée, j'hésitais à répondre au professeur lorsqu'il posait une question, parce que j'avais peur de me tromper et de subir les remarques parfois désagréables des autres élèves ou de l'enseignant lui-même. Ensuite, j'étais furieuse contre moi lorsque le professeur donnait la réponse qu'il attendait et que je n'avais pas osé exprimer. »

Dans l'espace de la classe, le risque pour l'élève est de se tromper, de commettre une erreur lorsqu'il prend la parole pour répondre à une question ou résoudre un exercice.

Dans l'espace de l'atelier de parole, le risque pour le jeune consiste à oser parler à la première personne du singulier, à dire « je », à accepter l'aventure de l'échange avec d'autres, sans savoir exactement vers quoi cela le mènera.

Dans l'espace de la classe, le travail accompli par l'élève présente une certaine rentabilité car il est noté, évalué. D'ailleurs certains élèves travaillent scolairement pour obtenir exclusivement des notes.

Dans l'espace de l'atelier, le travail de parole accompli par les uns et les autres n'a pas de rentabilité. Il n'est pas noté, ni évalué. Il est offert à soi-même et aux autres. C'est un temps marqué par le don, la gratuité.

▷ **Les animateurs acceptent et fixent les règles du jeu** pour que chacun puisse parler d'une manière personnelle au cours des échanges.

Ces règles sont présentées aux futurs participants-jeunes, au moment où ils s'inscrivent ou ne refusent pas de participer[3] à l'atelier de parole. Elles doivent être acceptées par les jeunes, dans le cadre d'une discussion argumentée.

Elles sont de nouveau présentées aux animateurs et aux jeunes lors de la première séquence. Elles font, à ce moment-là, l'objet d'un contrat verbal ou écrit[4] entre les personnes présentes.

3

Les règles du JEU pour pouvoir dire JE

1re règle : participer aux exercices proposés en les réalisant (au moins de manière écrite pour les exercices papier-crayon). Toutes les réponses énoncées sont intéressantes. Il n'y a pas de réponse fausse. Parler n'est pas une obligation (certains jeunes relativement timides ont du mal à s'exprimer en public), mais est fortement conseillé.

2e règle : prendre la parole pour dire ce que l'on ressent, ce que l'on pense. S'exprimer en disant « je » ou « moi, je ». Éviter le plus possible l'emploi des pronoms impersonnels comme « on », « il », « l'autre ».

3e règle : savoir se taire pour écouter les autres. Prendre la parole chacun son tour. Ne pas parler à la place d'un autre.

4e règle : respecter les paroles et les attitudes des uns et des autres. Manifester de l'intérêt à l'égard des paroles d'autrui. Ne pas porter de jugement de valeur sur la parole d'autrui. Ne pas imposer aux autres sa ou ses manières de penser. Accepter le positionnement de chacun. Exprimer son désaccord de manière socialement acceptable.

5e règle : se soumettre au principe de discrétion (les paroles personnelles énoncées durant les séquences ne peuvent, en aucun cas, sortir du groupe).

L'animateur rappelle, si nécessaire, au cours des différentes séquences, ces règles minimales.

3. Voir p. 23.

4. Pour plus de précisions, se reporter à la question 10 de ce chapitre « Comment se déroule la première séquence de l'atelier de parole ? », p. 25.

▷ **Dans l'atelier de parole, le temps n'a pas la même signification que dans la classe.** Chaque séquence de l'atelier de parole se déroule au rythme des participants. L'animateur accompagne la découverte et le déroulement de chaque exercice, stimule la parole de chacun, régule les échanges. Ce n'est pas l'animateur qui fixe le temps que le groupe doit passer sur un exercice. Cette durée dépend de la densité des paroles énoncées, de la richesse des échanges, des « effets de sens » et des nombreuses associations d'idées qui peuvent se produire à un moment donné entre les participants.

Exemple :

Un groupe de six collégiens, issus de classes de 6e et de 5e, travaille sur un exercice de connaissance de soi. Les échanges successifs entre eux les conduisent à parler de violence. Ils relatent, les uns après les autres, des scènes vues (ou imaginées) dans leur quartier. Ils manifestent ainsi leur désir de parler de ce sujet, producteur chez chacun d'eux d'une grande excitation.

Les animateurs, n'étant pas encore rodés à l'animation d'ateliers de parole, ont été fort agacés par cette longue digression. À plusieurs reprises, ils ont essayé de ramener les participants-jeunes sur l'exercice car ils avaient l'impression de naviguer à ce moment-là « hors sujet ». Or, il était tout à fait pertinent de les laisser digresser ainsi. La question de la violence est étroitement liée à la connaissance de soi, puisque chaque être humain est intérieurement porteur d'une part non négligeable de violence.

Dans l'atelier de parole, le rôle de l'animateur est d'accompagner ces digressions sans pour autant se centrer durablement sur l'un ou l'autre participant-jeune pour lui faire préciser son propos ou l'interroger, comme cela pourrait être le cas dans le cadre d'un entretien individuel. L'animateur peut faire rebondir les jeunes sur les paroles apportées par les uns et les autres : « Comment ressentez-vous ce qui vient d'être dit ? Avez-vous aussi une expérience ou un vécu semblable ? » Il peut les aider ensuite à prendre du recul par rapport à ce qu'ils ont dit. Dans le cadre de l'exemple ci-dessus, l'animateur peut faire réfléchir les adolescents sur la violence en posant des questions générales : « Que pensez-vous de la violence ? À quoi sert-elle ? Pourquoi devient-on violent ? Que ressent la victime ? » etc.

Mais cet accompagnement peut être ressenti comme insécurisant par l'animateur lui-même car, à ce moment-là, il n'a pas plus de support ou d'outil de parole adapté pour faire parler les jeunes. Ce moment peut aussi être fortement chargé sur le plan émotionnel. Lorsqu'il manque d'expérience pour avancer sans support de parole, l'animateur se contente de laisser chaque participant interagir sur les paroles des uns et des autres. Il veille à ce que les règles du jeu soient respectées et interrompt les échanges lorsque les règles sont fortement transgressées. Il ne laisse pas une digression durer au-delà de 5 à 10 minutes.

Si, dans la classe, l'enseignant est maître du déroulement du temps et du cours, il veut aussi pouvoir évaluer rapidement les effets de son enseignement. À travers devoirs, interrogations écrites ou orales, l'enseignant cherche à repérer l'état des acquisitions scolaires de ses élèves.

Dans le cadre de l'atelier de parole, les effets sont difficilement repérables. Il est souvent plus difficile de mobiliser et de modifier des savoir-être et des savoir-faire personnels et relationnels que d'apprendre des connaissances générales et impersonnelles. Le travail de l'atelier de parole est donc nécessairement long, intemporel et peu spectaculaire. Il ne produit pas ou peu d'effets immédiats ou visibles.

Parfois les participants-jeunes, eux-mêmes, refusent de percevoir et de reconnaître les effets possibles de l'atelier de parole sur leur personne. Ils peuvent adopter des postures de résistants : « Ça ne sert à rien. Je n'ai pas envie de venir. J'ai autre chose à faire, je perds mon temps…» Il est souhaitable que les animateurs ne se laissent pas trop déstabiliser ou troubler par ces propos d'adolescents exprimés souvent avec une forte conviction. Il ne doivent ni justifier l'atelier de parole, ni essayer de convaincre l'adolescent de la pertinence de sa présence. Ils peuvent répondre, par exemple : « Il est possible que l'atelier de parole ne vous serve à rien. Mais nous, ici, nous croyons qu'il peut vous apporter quelque chose, sans doute pas tout de suite, mais plus tard. Il peut vous aider dans votre parcours d'adolescent ou de jeune. Nous tenons à ce que veniez à toutes les séquences. »

▷ **Dans le cadre de l'atelier de parole, la posture du professionnel, de l'enseignant notamment, change.**

Lorsque des membres du personnel de l'établissement sont volontaires pour participer à l'animation d'un atelier de parole avec des jeunes, ils acceptent de se positionner, dans le cadre de l'atelier et devant les jeunes, comme une personne et non comme un professionnel.

Ce changement de posture, durant le temps de l'atelier, sera explicité aux futurs participants-jeunes durant l'entretien préalable. Il sera de nouveau formulé et expliqué lors de la première séquence de l'atelier de parole. Les animateurs, membres du personnel de l'établissement scolaire, s'engagent comme les participants-jeunes à respecter les règles énoncées lors de la première séquence de l'atelier de parole.

Exemple :

Plusieurs semaines après la fin de l'atelier de parole dans le lycée de J., des enseignants-animateurs se sont exprimés de la manière suivante : « La première fois que j'ai animé un atelier de parole, j'étais assez inquiet, dit l'un d'eux, car j'avais plusieurs élèves parmi les jeunes qui participaient à l'atelier. Et je craignais qu'ils ne se conduisent à mon égard en classe comme ils se conduisaient durant les séquences de l'atelier de parole. Mais j'ai été très agréablement surpris car il n'y a eu aucune erreur de posture pendant les cours, aucune familiarité, aucun sous-entendu, aucune utilisation en classe des paroles que j'avais prononcées à l'atelier. Par contre, j'ai très rapidement constaté que la communication, avec ces élèves, pendant le temps de la classe était plus aisée. »

6. À QUOI SERVENT LES OUTILS OU EXERCICES UTILISÉS AU COURS DE L'ATELIER DE PAROLE ?

Les exercices proposés ici ont pour but de faciliter la communication et les échanges entre les différents participants : animateurs et jeunes.

Ils peuvent représenter une aide efficace pour les membres du personnel scolaire qui souhaitent communiquer de manière plus personnalisée avec leurs élèves, mais n'ont pas l'habitude de travailler sans outils, sans exercices, sans supports. En utilisant les supports de communication contenus dans cet ouvrage pour discuter avec des jeunes, les personnels scolaires peuvent se sentir en terrain de connaissance et acquérir rapidement une certaine aisance pour animer des ateliers de parole.

Pour animer les différentes séquences de l'atelier de parole, les outils sont nécessaires car ils constituent un média entre l'animateur et chaque participant. Ces médias protègent chacun l'un de l'autre, mettent de la distance entre l'un et l'autre, facilitent la parole, l'échange entre eux car personne ne s'expose directement. Chacun réagit, s'exprime à partir du matériel ou de l'outil qui lui est proposé.

Les exercices sont des prétextes à la réflexion et aux échanges avec d'autres. Ils ont pour fonction de faire réagir chaque participant-jeune, de le surprendre, de le faire discuter avec d'autres et avec l'animateur, de susciter en lui des interrogations, de lui ouvrir des voies nouvelles, de favoriser les associations d'idées à partir des paroles des uns et des autres, de l'amener à questionner ses manières de vivre et de faire, de lui faire vivre une expérience de groupe dans laquelle chacun a sa place, d'interroger les fonctionnements de la société dans laquelle il vit...

Si chaque participant, animateur ou jeune, accepte dans le groupe de jouer le jeu de la spontanéité et laisse les paroles prononcées par d'autres agir en lui, les exercices proposés peuvent l'aider à donner du sens aux questions (plus ou moins importantes) qu'il se pose, éveiller sa curiosité, mettre en marche sa sensibilité et sa pensée personnelle.

Les exercices ont aussi pour fonction de transmettre aux jeunes, auxquels ils s'adressent, un certain nombre de savoir-être et de savoir-faire nécessaires pour vivre avec soi-même et avec les autres.

Les exercices n'ont pas d'utilité économique. Ils ne servent pas à réussir des examens ou des concours. Ils participent à la construction de l'espace symbolique, nécessaire à chaque être pour se construire comme sujet parlant, pour former sa personnalité, pour développer ses compétences relationnelles et trouver sa place parmi les autres.

7. QUELS SONT LES OUTILS OU EXERCICES UTILISÉS AU COURS DE L'ATELIER DE PAROLE ?

Les outils ou exercices présentés dans cet ouvrage et utilisés au cours des ateliers de parole[5] se présentent sous diverses formes et développent des capacités, des aptitudes différentes. Il s'agit de documents à remplir (exercices papier-crayon), d'exercices relationnels à faire avec d'autres ou d'exercices corporels. Ils représentent tous autant d'occasions de parler, d'exprimer son ressenti, de réagir, d'expérimenter des relations, de discuter avec d'autres.

Les exercices sont regroupés en sept grands thèmes, qui correspondent aux chapitres 2 à 8 de l'ouvrage : se connaître, accepter l'autre, connaître ses ressources et ses limites, apprendre les compétences nécessaires pour vivre avec les autres, développer son sens de la responsabilité et apprendre à mettre les règles en pratique, apprendre la posture d'élève et enfin réfléchir sur quelques grands sujets de société.

8. COMMENT METTRE EN PLACE UN ATELIER DE PAROLE DANS UNE STRUCTURE (UN COLLÈGE, UN LYCÉE...) ?

La mise en place d'un atelier de parole repose, en amont, sur une analyse des difficultés et des besoins, menée par l'établissement. Cet atelier s'inscrit dans un projet global. Il intéresse l'établissement dans son ensemble. Il est accepté par le conseil d'administration. Il est présenté aux différents membres de la communauté éducative. La visibilité de l'atelier de parole est nécessaire pour son bon fonctionnement.

Le projet définit les fonctions de l'atelier de parole, sa durée de vie et la durée de chaque séquence. Il précise le public auquel il s'adresse et les procédures de mise en place de l'atelier. Il fait connaître les

5. Les exercices ont été utilisés à plusieurs reprises au cours d'ateliers de parole dans cinq collèges et plusieurs années de suite dans un lycée.

référents de l'atelier dans l'établissement ainsi que les personnes qui se sont portées volontaires pour participer à l'animation. Il prévoit la formation des animateurs et l'évaluation de l'action, une fois réalisée, par les animateurs et avec les participants-jeunes.

9. COMMENT PRÉSENTER L'ATELIER DE PAROLE AUX JEUNES POUR LES ENGAGER À Y VENIR ? COMMENT LEUR EXPLIQUER L'ATELIER QUAND IL LEUR EST IMPOSÉ ?

▷ **L'atelier de parole peut être proposé aux élèves sur la base du volontariat.** Le recrutement des jeunes volontaires peut se faire à la suite d'une présentation de l'atelier par l'un des animateurs, dans la classe par exemple.

Exemple :

Au collège de C., la conseillère principale d'éducation (CPE), organisatrice avec d'autres collègues de l'atelier de parole, s'est déplacée dans toutes les classes de 3e pour informer les élèves de la mise en place de l'atelier et les encourager à venir s'inscrire auprès d'elle s'ils souhaitaient y participer. Sur deux classes, vingt-cinq élèves ont été immédiatement volontaires !

Un texte peut être rédigé, en amont, par les organisateurs de l'atelier de parole pour le présenter aux élèves.

4 **Informer les élèves sur l'inscription à l'atelier de parole**

Rencontrer les élèves en groupe, dans le cadre de la classe pour y faire une information collective.
Le texte énoncé peut reprendre les informations suivantes :
« Un atelier de parole, animé par des membres du personnel de l'établissement, vous est proposé (*indication du lieu, jours, horaires, nombre de séquences, etc.*)
Cet atelier a pour fonction d'aider chaque jeune à mieux se connaître lui-même et à développer ses compétences pour vivre en groupe et avec les autres.
Dans le cadre d'un petit groupe de trois à six jeunes, animé par deux membres du personnel de l'établissement, il vous sera proposé des exercices pour discuter avec les autres jeunes et les animateurs.
Les élèves qui ont participé à cet atelier dans d'autres établissements scolaires ont trouvé intéressants ces échanges entre eux et avec des adultes, au cours desquels ils ont appris à parler de leurs émotions, à mieux gérer leur stress, à mieux communiquer pour être entendu par autrui, etc.
Si vous êtes intéressé par cette proposition, vous pouvez venir en parler à M. ou Mme… qui vous expliquera, individuellement, le fonctionnement de l'atelier. »

L'atelier de parole doit être un dispositif connu, non seulement par les personnels mais aussi par les élèves et leurs familles. Il peut être présenté aux élèves et aux familles soit de manière institutionnelle par le chef d'établissement, notamment au moment de la rentrée scolaire, soit de manière individualisée lorsque l'atelier de parole semble être une proposition adaptée au profil de tel ou tel élève.

▷ **L'atelier peut être proposé ou imposé à certains élèves.**

Une commission *ad hoc*, mise en place de manière institutionnelle, examine plusieurs fois par an, une liste d'élèves dont les profils correspondent aux critères définis par le projet « Atelier de parole ». Ces élèves peuvent être proposés à la commission par différents membres du personnel (professeur principal de la classe, conseiller principal d'éducation, chef d'établissement...).

Les élèves retenus pour participer à l'atelier de parole sont reçus individuellement par un membre de la commission ou de l'atelier de parole afin de leur expliquer la proposition qui leur est faite et de leur présenter le projet et son fonctionnement. L'objectif de cet entretien est d'obtenir l'adhésion de l'élève au projet. Cette adhésion n'est pas toujours active. Dans ce cas, l'élève semble indifférent, mais n'est pas hostile à la proposition.

5 **Les différents moments de l'entretien préalable avec le futur participant à l'atelier de parole lorsque celui-ci est proposé ou imposé**

- Prévoir, durant les semaines qui précèdent le commencement de l'atelier, un temps d'échange avec chaque jeune pour lui présenter, individuellement, l'atelier.
- Accueillir le jeune dans une salle, à l'abri des regards et du bruit, et se présenter mutuellement si cela est nécessaire.
- Faire le lien entre l'atelier et le jeune : dispositif d'aide, de soutien face aux difficultés qu'il rencontre, décision d'une commission, alternative à l'exclusion.
- Présenter concrètement l'atelier au jeune : les heures, les jours, les noms des animateurs, les thèmes qui seront abordés et leurs rôles par rapport à la construction de soi.
- Solliciter le jeune : comment ressent-il, perçoit-il ce qui lui est dit, que perçoit-il de ses difficultés ?
- Énoncer le cadre des échanges en l'explicitant[6].
- Informer les parents, leur expliquer les objectifs et le fonctionnement de l'atelier, obtenir leur adhésion au projet et leur participation active afin que le jeune soit présent à toutes les séquences de l'atelier de parole.

6. Voir la question suivante, encadré 6, p. 25.

10. COMMENT SE DÉROULE LA PREMIÈRE SÉQUENCE DE L'ATELIER DE PAROLE ?

Les animateurs et les jeunes sont informés par écrit du jour, de l'heure et de la salle dans laquelle se dérouleront les séquences de l'atelier de parole.

Des animateurs préparent auparavant la salle. Des tables et des chaises sont disposées au centre de la salle en forme de U afin d'accueillir, pour la première partie de la séquence, l'ensemble des animateurs et des participants. Ils disposent aussi dans différents angles de la salle, deux tables côte à côte et six à huit chaises pour accueillir les petits groupes d'échanges qui vont se former dans un deuxième temps. Chaque petit groupe est composé de trois à six jeunes et de deux animateurs. Les animateurs disposent sur une table, près de la porte de la salle, des cartons et des stylos-feutres.

Pour un meilleur fonctionnement de l'atelier de parole, un animateur principal peut être choisi par l'ensemble des animateurs pour accueillir les participants, veiller au bon déroulement de la séquence et introduire les différents moments.

Lorsque des **faits illégaux** sont énoncés par un participant, l'animateur prend la parole, paisiblement, pour dire : « Ce que vous venez de relater est interdit par la loi. » L'animateur peut préciser, s'il en a connaissance, la qualification de l'acte : contravention, délit ou crime.

Il ne s'agit pas d'obliger un participant à **s'exprimer**. L'animateur le sollicite régulièrement en lui suggérant de prendre la parole.

L'accueil

L'accueil est un moment important. Chaque participant-jeune est accueilli individuellement par l'animateur principal ou les animateurs. Il lui est proposé de choisir un carton et un stylo-feutre pour constituer un chevalet sur lequel il indiquera de manière affirmée et visible le ou les éléments les plus importants de son identité. Il s'installe, ensuite, dans l'espace central en plaçant le chevalet devant lui.

Chaque animateur se constitue aussi un chevalet en suivant la consigne donnée aux jeunes. Les différents participants s'installent ensuite autour de l'espace central en forme de U en se mêlant les uns aux autres (l'alternance un animateur/un participant-jeune étant la disposition idéale).

Puis au nom de l'institution et des animateurs, l'un d'entre eux ou l'animateur principal déclare : « Nous sommes réunis ici, ensemble, pour parler les uns avec les autres à partir de différents exercices, sur la connaissance de soi et la connaissance des autres ; exercices que nous allons découvrir et réaliser ensemble. Auparavant, nous allons énoncer, puis accepter ensemble, un certain nombre de règles absolument nécessaires pour que cet atelier de parole puisse fonctionner de manière satisfaisante pour tous. »

Le temps du contrat verbal

Une copie du troisième point de l'encadré suivant est proposé à chaque personne présente. Les deux premiers points sont successive-

6

Les règles de fonctionnement de l'atelier

1) Cet atelier est fondé sur la parole et l'échange entre les personnes présentes.
Les paroles qui y sont énoncées ne sont pas soumises, comme en classe, à une évaluation en fonction des critères d'exactitude et d'erreur.
Toutes les paroles sont intéressantes et ont de la valeur (à condition que les propos entrent dans un **cadre légal**).
Personne n'a l'obligation de parler. Mais il est souhaitable que chacun puisse **exprimer** ce qu'il ressent, ce qu'il pense personnellement.

2) Dans le cadre de l'atelier, les enseignants et les autres personnels de l'établissement changent de posture et deviennent « animateurs » de la séquence : leurs relations avec les jeunes se modifient. Dans le cadre de l'atelier, les élèves changent de posture et deviennent des participants : leurs relations avec les animateurs se modifient. Il n'y a plus, d'un côté, des enseignants, CPE, etc. et, de l'autre, des élèves, mais des personnes issues de générations différentes qui parlent ensemble.
Cette modification des relations est spécifique à l'atelier de parole et ne dure que le temps des séquences. Dans toutes les autres situations du cadre scolaire, les attitudes et les conduites des élèves à l'égard des enseignants et des autres personnels doivent être conformes aux règles en vigueur dans l'établissement.

3) Un contrat est établi entre les personnes présentes (animateurs et participants-jeunes). Chacun s'engage personnellement en répétant la formule suivante, seul ou en même temps que les autres, ou en l'exprimant de manière plus personnelle.

« Je m'engage, devant les participants de ce groupe et les animateurs à :
– Écouter les autres et à les respecter. Je ne porte pas de jugement de valeur sur ce qu'ils disent.
– Prendre la parole pour exprimer ce que je ressens, ce que je pense. Je n'impose pas mes idées aux autres. Je ne monopolise pas la parole.
– Venir aux différentes séquences qui m'ont été proposées (imposées).
– Ne pas parler de ce que j'ai entendu durant l'atelier de parole à des personnes extérieures au groupe.
– Participer aux exercices qui sont proposés au cours de l'atelier. »

ment lus et expliqués par un des animateurs. Ils sont ensuite soumis, si nécessaire, à une discussion entre les personnes présentes. Lorsque la discussion paraît épuisée, l'animateur annonce que le moment est venu de faire un contrat les uns avec les autres sur ces règles (ce contrat concerne à la fois les participants et les animateurs). Il peut proposer une lecture collective du point 3 « tous ensemble, en même temps, lentement, à haute et intelligible voix ». Il peut suggérer aussi de faire cette lecture de manière solennelle debout devant les tables.

Il est souhaitable que les animateurs accordent une haute valeur symbolique à l'énonciation du contrat par chacun. Ce moment d'appropriation et de lecture du contrat doit laisser une trace satisfaisante dans le psychisme de chacun. Il est nécessaire que chaque personne se souvienne d'une manière positive de ce moment.

Les présentations

Le temps des présentations suit immédiatement le temps du contrat. Il va permettre aux uns et aux autres d'énoncer un ou plusieurs

7

Se présenter les uns aux autres

1re technique
La construction d'un chevalet est proposée à chaque animateur et à chaque participant-jeune dès son entrée dans la salle où aura lieu l'atelier de parole.
Mettre à disposition sur une table des papiers cartonnés (format A5) et des feutres, pour que chacun compose un chevalet. Donner à chacun une consigne qui contiendra les éléments suivants : inscrire sur le chevalet, de manière lisible et visible les éléments les plus importants de son identité.
Au moment de la présentation verbale ou orale, chacun énonce, de manière assurée, les éléments de son identité personnelle. Il peut y ajouter des éléments complémentaires : sa fonction, quand il est animateur ; sa classe, son âge, quand il est participant-jeune.

2e technique
Exercice de présentation croisée. L'animateur énonce la consigne suivante : « Nous n'allons pas nous présenter nous-même. Chacun de nous va présenter la personne qui est à côté de lui, et inversement. Pour faciliter cette présentation, chacun a à sa disposition une fiche de questions qu'il pose à celui qu'il doit présenter et qu'il remplit. Il s'appuiera sur cette fiche pour le (ou la) présenter aux autres. Chacun peut ajouter d'autres questions. »
La fiche est un questionnaire qui permet de mettre au jour les goûts, les intérêts et les activités de chacun. Les animateurs peuvent le composer eux-mêmes avec différentes questions. Ils peuvent prendre appui sur (ou proposer) les fiches de présentation qui figurent en fin d'ouvrage (voir Annexes, page 183).

éléments de leur identité personnelle (en général, le prénom et le nom) sous le regard bienveillant des autres. Cet exercice de présentation teste la mise en pratique des règles d'écoute de l'autre et de respect de ce qu'il dit, qui viennent d'être énoncées et acceptées par les membres du groupe.

Il peut être utile, à ce moment-là, de rappeler la règle de non-jugement et de non-réaction, si les animateurs entendent des moqueries ou observent des regards ironiques de la part de certains participants.

Les animateurs ont à leur disposition deux techniques de présentation, exposées dans l'encadré 7, p. 26.

▶ Exercices corporels

La première séquence de l'atelier de parole doit commencer par des exercices corporels, car ce type d'exercices étant peu habituel dans le cadre de la classe, les participants réagiront avec surprise. Ces exercices permettent en effet de rompre avec les habitudes scolaires. Cette rupture est nécessaire pour que chacun, animateur ou jeune, ne se sente pas en situation d'enseignant ou d'élève. Ces exercices se déroulent dans la disposition utilisée pour les présentations, chacun des participants à sa place.

Un animateur énonce :

« Les exercices vont commencer. Et nous allons débuter par des exercices corporels. Ils permettent de se détendre, de se relaxer. Ils participent à la gestion du stress, de l'énervement. Ils produisent une sensation de mieux-être dans le corps.

Pendant ces exercices, chacun est centré sur lui-même. Il ne s'occupe pas des autres, ne les regarde pas.

Nous allons d'abord déplacer notre chaise afin que chacun dispose d'un petit peu d'espace autour de lui, qu'il ne gêne pas ceux qui sont à côté de lui et ne soit pas gêné par eux.

Je vais vous demander de vous installer sur votre chaise dans la position que vous appréciez le mieux, c'est-à-dire la position la plus confortable pour vous, dans laquelle vous vous sentez le plus à l'aise. »

Les animateurs doivent pouvoir tolérer (sans porter de jugement de valeur en paroles ou en attitudes) les différentes postures prises par les participants, en particulier les postures les plus décontractées comme mettre les pieds sur la table, s'affaler sur la chaise, etc. L'absence de réactivité est ici nécessaire. Elle rassure les jeunes face aux questions qu'ils se posent (Peut-on vraiment dire ici ce que l'on pense ? Est-on vraiment écouté ? Etc.).

Lorsque chacun, jeune et animateur, s'est installé dans la position la plus confortable pour lui-même, l'animateur poursuit :

« Maintenant nous allons changer de position et nous installer, toujours assis sur notre chaise, dans la position dont notre corps a besoin : la position la plus satisfaisante pour le corps, celle qui fatigue le moins la colonne vertébrale, les muscles, etc. »

L'animateur laisse le temps aux participants et aux autres animateurs de prendre cette position idéale. Puis il la prend lui-même et la décrit à voix haute :

« Vous vous asseyez bien au fond de votre chaise, votre dos appuyé sur le dossier, vos pieds doivent être posés bien à plat devant vous, vos bras pendent de chaque côté de votre corps ou vos mains sont posées à plat sur vos cuisses. Votre corps devient immobile. Vos muscles se détendent. »

Pendant la description et pour produire un effet d'apaisement sur les personnes présentes, l'animateur commence à ralentir progressivement son débit verbal, à parler plus bas et d'une voix plus monotone. Il introduit ainsi l'exercice corporel de relaxation respiratoire.

Cet exercice participe à la gestion du stress ou de l'énervement, en agissant sur les effets auxquels il fait contrepoids. Là où le stress accélère les mouvements, notamment le rythme respiratoire, l'exercice permet de les ralentir. L'animateur peut le présenter de la façon suivante, toujours de manière lente et avec une voix apaisante :

« Nous allons maintenant agir sur notre respiration. Chacun va se centrer sur lui-même sans se préoccuper des autres et ralentir sa respiration. Nous allons, chacun à notre rythme, inspirer avec lenteur, vraiment le plus lentement possible, et expirer tout aussi lentement. Pour arriver à réaliser l'exercice, chacun a besoin de penser à ce qu'il fait. Il faut se dire en soi-même "je respire au ralenti, vraiment lentement. Je contrôle mon inspiration et mon expiration. Je ne pense qu'à cette respiration…" Nous allons faire l'exercice plusieurs fois. Aujourd'hui, il ne durera pas longtemps. Si nous le désirons, pour ne pas voir les autres, nous pouvons fermer les yeux ou tourner notre chaise pour regarder le mur. Après l'exercice, nous pourrons discuter de la manière dont il s'est déroulé, de ce que nous avons ressenti, etc. »

Tout au long de l'exercice, l'animateur ne cesse d'accompagner par une parole lente, calme, sourde, les mouvements de l'exercice respiratoire, tout en le réalisant lui-même.

Au terme de l'échange verbal, l'animateur propose que des petits groupes se constituent pour commencer l'atelier de parole. Ces petits groupes vont s'installer autour des tables préparées à cet effet dans les différents angles de la salle. Quatre groupes peuvent fonctionner en même temps, dans une même salle, à condition que les échanges ne soient pas trop bruyants. Ces petits groupes sont composés de trois à six jeunes et de deux animateurs. Ils peuvent se constituer spontanément ou être constitués auparavant par les animateurs qui indiquent, à ce moment-là, aux uns et aux autres, le groupe auquel ils vont participer. La constitution de chaque groupe n'est pas immuable. Elle varie d'une séquence à l'autre.

Les animateurs accompagnent l'installation de leur groupe. Chaque petit groupe fonctionne avec une certaine autonomie. Il réalise les exercices prévus en progressant à son propre rythme.

▶ Exercices de parole

La première séquence représente pour les jeunes un moment d'attente. Ils sont dans l'expectative, chacun s'interrogeant sur ce qui va se passer. Ils ne savent pas encore comment s'impliquer et se demandent ce que les animateurs attendent d'eux. Ils vont donc adopter une attitude de prudence. Au début de la séquence, ils écoutent, regardent et attendent. Pour faciliter leur prise de parole, il est souvent nécessaire que les animateurs s'exposent eux-mêmes en participant aux exercices. Ils donnent ainsi le « ton » des échanges. Les jeunes peuvent alors « calquer » leurs manières de répondre sur celles des animateurs.

Il est souhaitable de choisir, parmi les exercices, ceux qui peuvent se dérouler rapidement, de manière à proposer, tout au long de la séquence, des exercices variés et abordant des thèmes différents. Ainsi, les exercices les plus courts, faciles et de type ludique sont à choisir en priorité pour la première séquence.

Il est judicieux de proposer, lors de chaque séquence, des exercices issus de plusieurs chapitres, pour approcher l'être humain à travers différents aspects et donner ainsi à chaque jeune une vision plus globale de lui-même.

8

Exemples d'exercices à proposer lors de la première séquence de l'atelier de parole et après l'exercice corporel (durée de l'atelier : 2 heures)

Pour un public de lycéens
1 – Quels sont les mots qui disent ce que je suis ou serai ? (chapitre 2, exercice 3, p. 38)
2 – Qu'est-ce que je ressens ? (chapitre 3, exercice 12, p. 53)
3 – Avec quels sens est-ce que je pense ? (chapitre 4, exercice 31, p. 85)
4 – À quoi me sert l'école ? (chapitre 7, exercice 85, p. 156)

Pour un public de collégiens
1 – Les portraits chinois (chapitre 2, exercice 1, p. 36)
2 – Qu'est-ce que je ressens ? (chapitre 3, exercice 12, p. 53)
3 – L'intelligence, c'est changer de regard, de posture mentale (chapitre 4, exercice 29, p. 82)
4 – L'école a-t-elle du sens pour moi ? (chapitre 7, exercice 84, p. 155)

11. COMMENT SE DÉROULE UNE SÉQUENCE TYPE ?

Il est souhaitable, de séquence en séquence, de procéder avec une certaine régularité afin d'instaurer des habitudes ou des rituels.

La séquence doit commencer avec un exercice corporel (de type relaxation) afin de produire un effet de rupture à l'égard de la situation scolaire et des activités traditionnelles de la classe, pour favoriser le centrage sur soi-même et installer un bref moment de silence et de calme intérieur (voir chapitre 5, exercices 41 à 43, pages 102 à 104).

La séquence se poursuit par des exercices issus de chapitres différents, dans une combinaison laissée à la liberté des animateurs. Il n'est cependant pas envisageable de proposer, sur une seule séquence de deux heures, un exercice issu de chacun des chapitres 2 à 8 de l'ouvrage.

Il faut prévoir suffisamment d'exercices pour ne pas manquer de ressources lorsque le groupe réalise rapidement l'exercice en répondant, de manière laconique, aux questions posées sans en discuter ensemble. Cette attitude est fréquente, en particulier lors des premières séquences. Certains adolescents ne veulent pas s'impliquer tout de suite dans des échanges.

Au cours de l'atelier, il est bon de proposer un exercice relationnel de type corporel, en particulier avec les collégiens, afin d'aborder des compétences relationnelles par le biais du corps. Lorsque plusieurs groupes travaillent dans une même salle, il est préférable de réaliser, en commun et au même moment, les exercices relationnels ou corporels.

Lorsque les participants-jeunes présentent des résistances importantes et ne participent pas ou peu aux exercices, les animateurs suppléent à ces résistances en devenant des participants actifs. Ils parlent, s'impliquent personnellement. Chacun se laisse porter par les effets de sens que les paroles de l'autre suggèrent en lui. Pendant ces échanges, les jeunes écoutent. Plus ils semblent « touchés » par les paroles entendues, plus ils se réfugient derrière des attitudes de refus caractéristiques : tête baissée, mains sur les oreilles, regards ailleurs, etc. Si les animateurs respectent ces attitudes, tout en continuant paisiblement à solliciter l'avis du jeune sur ce qui est dit ou sur son propre vécu, celui-ci prendra peut-être le risque à un moment donné de s'autoriser une participation plus active.

Exemple :

Le groupe est composé de deux animateurs et de quatre jeunes. L'un d'entre eux répond invariablement aux questions qui lui sont posées : « J'sais pas. » Deux autres, situés l'un à côté de l'autre, ne participent pas à l'exercice, se regardent souvent et dessinent successivement sur une même feuille tout en riant. Le quatrième répond laconiquement aux questions posées par les animateurs.

9

Conseils pour l'animateur sur l'utilisation des exercices papier-crayon

- Énoncer le nom de l'exercice et le chapitre dont il est issu.
- Expliquer, clairement et brièvement, la consigne d'utilisation et les modalités de passation.
- Faire lire, par chaque participant (jeune et animateur) et à tour de rôle, un paragraphe de l'énoncé. Susciter, au fur et à mesure de la lecture, des réponses ou des réactions : « Qu'est-ce que vous en pensez ? À quoi cela vous fait penser ? Quel est votre avis ? »
- Manifester un intérêt certain pour ce que chacun dit : se laisser porter par les effets de sens (« Ce que vous dites me fait penser à... Moi aussi, j'ai vécu une expérience semblable... »).
- L'animateur participe activement aux exercices, du moins durant les premières séquences. Il s'implique personnellement, sans monopoliser la parole et sans se donner en exemple.
- Il n'interroge pas, durablement, le jeune sur sa problématique personnelle, si celui-ci vient à l'évoquer. L'animateur peut reprendre la problématique d'un point de vue général ; point de vue qui peut faire réagir les autres participants.
- Si personne ne prend la parole spontanément, l'animateur se risque lui-même à prendre la parole en premier. Puis il sollicite chacun l'un après l'autre, demande à chaque jeune son avis, etc.
- Il accepte ou tolère les attitudes défensives des jeunes : attitudes renfrognées, maussades, d'ennui ou d'agacement. Certains adolescents, auxquels l'atelier a été imposé, présentent fréquemment ces attitudes, au moins au cours des trois premières séquences. L'animateur sollicite le jeune, sans se laisser troubler par son attitude d'évitement ou d'hostilité.

12. COMMENT ÉVALUER L'ATELIER DE PAROLE ?

À la fin de la dernière séquence de l'atelier de parole, il convient de réserver un moment pour une évaluation de l'atelier par chacun, participant-jeune ou animateur.

L'évaluation se présente sous la forme de questionnaires. L'un est destiné aux jeunes, l'autre aux animateurs. Les uns et les autres y répondent le plus sincèrement possible.

10

Évaluation des séquences de l'atelier de parole

Chaque questionnaire doit préalablement être mis en forme sur une feuille (format A4 ou A5).

A – Questionnaire d'évaluation pour les participants-jeunes

Essayez de répondre avec sincérité (éventuellement de manière anonyme) aux questions suivantes, en prenant le temps de repenser, de revoir ce qui s'est passé durant les séquences.

Comment avez-vous perçu, ressenti les différentes séquences qui vous été proposées (ou imposées) dans le cadre de l'atelier de parole ?

1) Indiquez trois aspects de ces séquences qui ont, pour vous, une connotation plutôt positive.

2) Indiquez trois aspects de ces séquences qui ont, pour vous, une connotation plutôt négative.

3) Globalement, avez-vous plutôt apprécié : la diversité des exercices, la qualité des échanges, l'atmosphère détendue, les discussions avec les animateurs, les discussions avec les autres jeunes, les exercices papier-crayon, les exercices corporels ? (Etc.)

Entourez les réponses les plus satisfaisantes pour vous.

4) Que pourrait vous apporter personnellement le travail accompli dans cet atelier durant les semaines prochaines ?

5) S'il vous était proposé ultérieurement de nouvelles séquences, y viendriez-vous spontanément ?

B – Questionnaire d'évaluation pour les animateurs

Ce questionnaire peut se remplir en deux temps. Il convient de répondre à la question 1, tout de suite lors de la dernière séquence. Les questions 2 et 3 peuvent être traitées dans les jours, semaines ou mois qui suivent la fin de l'atelier de parole.

1) Questions à traiter immédiatement après les séquences que vous avez animées, en vous appuyant sur votre ressenti personnel :

• Quels sont les trois aspects qui vous ont paru les plus intéressants au cours des différentes séquences ?

• Quels sont les trois aspects qui vous ont paru nettement moins intéressants, que vous n'avez pas appréciés ?

2) Questions à traiter à moyen et à long terme :

Après la participation de certains élèves à l'atelier de parole, avez-vous remarqué des modifications :

– dans le comportement d'un des participants-jeunes en termes d'attitude, de conduite, de parole à l'égard de lui-même, des autres (les pairs), des adultes ?

Si oui pouvez-vous décrire les changements observés ?

– dans la scolarité du jeune ?

Si oui, pouvez-vous décrire les changements observés ?

3) Avez-vous constaté sur vous-même certains effets consécutifs à cette animation ?

Si oui, lesquels ?

L'évaluation écrite et individuelle est nécessaire, car elle permet à chacun de se positionner. Cette évaluation peut être anonyme afin de faciliter l'expression personnelle. Elle est aussi un moment important pour l'institution car elle participe à la visibilité de l'atelier.

Un moment de bilan peut être proposé ultérieurement aux participants-jeunes et aux animateurs, en présence notamment des personnels de direction de l'établissement. Ce moment de type festif n'est pas un temps d'atelier de parole. Chacun y retrouve son statut social, professionnel ou élève. Il permet de commenter l'évaluation écrite et d'échanger de manière spontanée entre professionnels et élèves sur les effets ou l'absence d'effets de l'atelier de parole sur les uns et les autres.

chapitre 2

Apprendre à se connaître soi-même

La connaissance de soi représente la capacité de l'individu à percevoir, à identifier, à élaborer et à prendre en compte ce qui se passe en lui : ses sensations, ses perceptions, ses émotions, ses diverses capacités ou facultés mentales et corporelles, ainsi que ses nombreuses expériences personnelles, relationnelles et sociales.

Se connaître est le fruit d'un apprentissage constant qui se réalise de manière souvent inconsciente au gré des diverses situations et des rencontres quotidiennes. Au moment de l'adolescence, le jeune est soumis à un processus de changement global au cours duquel sa personnalité va subir un profond remaniement. La connaissance de soi représente un processus d'explicitation de ce qui se construit en soi au fur et à mesure de la vie, bien souvent sans en avoir conscience. La parole intérieure, sous la forme de l'analyse mentale de son propre vécu, et la parole extériorisée, sous la forme de l'échange avec d'autres, sont de puissants vecteurs de connaissance de soi. Celle-ci est rendue possible lorsque l'individu présente une certaine tolérance à l'égard de ce qui se passe en lui, à travers la curiosité, l'intérêt, l'acceptation des paroles qu'il prononce, des actes qu'il pose. Mais la connaissance de soi passe aussi par l'autre, les autres. Écouter, entendre, se laisser interpeller intérieurement par les paroles des autres participe aussi à la connaissance de soi.

La connaissance de soi favorise l'appréciation de soi. Elle donne à l'individu la conviction d'avoir de la valeur à ses propres yeux. Elle renforce l'assurance à l'égard de lui-même. Elle développe le sentiment de sécurité intérieure. Elle lui permet ainsi de s'affirmer, de se sentir plus sûr de lui parmi les autres, de ne pas se sentir en danger dans un groupe.

L'intelligence intrapersonnelle consiste à « avoir conscience d'être au monde, de ressentir des émotions, d'être capable de les différencier, de les identifier et d'en tirer des ressources pour agir sur ses comportements »[1].

Les exercices papier-crayon proposés dans ce chapitre ont pour but de favoriser la connaissance de soi de l'adolescent par la mise en mots et en commun d'un certain nombre d'aspects généraux et universels. En outre, ces exercices participent au développement de son **intelligence intrapersonnelle**.

Durant les premières séquences, certains adolescents peuvent présenter des attitudes d'hostilité passive ou active à l'égard de ces exercices. Ces résistances sont parfaitement légitimes. Elles sont d'origine culturelle car il est inconvenant dans notre société de parler en public de soi, de ce que l'on est, de qui l'on est. Elles sont aussi d'origine personnelle car certaines personnes sont très mal à l'aise dès lors qu'elles doivent s'exprimer sur elles-mêmes.

Il est souhaitable de ne pas forcer l'expression de ces jeunes, mais de les solliciter tout en respectant leur non-désir ou leur refus de parler. Si les animateurs arrivent eux-mêmes à s'exprimer personnellement avec pudeur, sans malaise et sans se mettre en scène, ils aideront ces jeunes à chercher leur propre modalité d'expression pour parler d'eux-mêmes.

EXERCICE 1

Les portraits chinois

Je réponds spontanément à chaque affirmation. J'écris mon choix. Je l'énonce devant le groupe. J'explique mon choix. J'en discute avec les autres...

Si j'étais un animal domestique, je serais...
Si j'étais une star de la chanson, je serais...
Si j'étais un pays, je serais...
Si j'étais un grand sportif, je serais...
Si j'étais un écrivain, je serais...
Si j'étais une fleur, je serais...
Si j'étais un moyen de transport, je serais...

Pourquoi ?

Tout public – Facile (ludique) – 15 à 20 minutes – Sans préparation

L'**exercice 1** est un jeu de connaissance de soi à travers diverses identifications possibles. Il développe des stratégies de déplacement et de transposition utiles dans les situations sociales.

1. C. Carré, *Savoir communiquer avec un groupe*, Retz, 1999.

Il se présente sous deux formes. C'est un exercice spontané, rapide et facilement réalisable par les plus jeunes, quand la consigne consiste à écrire ou à dire ce qui vient à l'esprit à chaque question lue par l'animateur ou l'un des participants. Mais il peut être aussi un exercice de réflexion – il demande alors un peu plus de temps de réalisation – lorsque le participant est invité à expliquer ses choix. Les explications sont généralement simples, inspirées du vécu de celui qui les énonce.

L'exercice peut être aussi présenté oralement par l'animateur, sans support papier, affirmation par affirmation. L'animateur peut remplacer ou ajouter d'autres sources d'identification (Si j'étais un cours d'eau, un animal sauvage, un fruit, un héros de science fiction, etc.).

Cet exercice est créateur de liens entre les participants, dès lors que les animateurs attirent leur attention sur les choix communs à plusieurs d'entre eux.

EXERCICE 2

Je de mots

Quels sont les mots les plus importants pour moi, en ce moment ?

Spontanément, sans réfléchir trop longuement, je dis ou j'écris les dix mots qui ont actuellement, dans ma vie, le plus de valeur à mes yeux.

Je les présente aux autres et j'en discute avec eux.

Tout public – Facile (ludique) – 10 à 15 minutes – Sans préparation

L'**exercice 2** a pour fonction de donner de la valeur au langage et aux mots. La consigne, énoncée par l'animateur, peut être accompagnée d'une histoire, comme, par exemple : « Imaginez que vous devez tout quitter très vite. Vous ne pouvez rien emporter avec vous et lorsque vous serez parti, vous oublierez tout ce qui a fait votre vie jusqu'à maintenant, y compris la langue que vous parlez. Vous ne pouvez garder de votre passé que dix mots différents. Lesquels choisissez-vous ? »

Chacun doit constituer sa liste de mots. L'animateur peut ajouter comme consigne : « Ne choisissez qu'un seul mot par famille de mots. » Cet exercice peut se présenter, comme l'exercice précédent, sous deux formes. Les participants énoncent simplement leur liste de mots sans y apporter de commentaires. Ou bien ils expliquent au fur et à mesure leurs choix ou certains de leurs choix. Il se termine par une mise en commun des mots de chacun, en vue de trouver les mots communs à tous (énoncés au moins par 50 à 60 % des présents).

EXERCICE 3

Quels sont les mots qui disent ce que je suis ou serai ?

- Je consulte la liste ci-après, composée de « qualités personnelles et sociales ».
- Je m'informe auprès des autres sur la signification des mots que je ne connais pas.
- J'entoure d'abord en bleu trois mots de cette liste qui me paraissent révéler ce que je suis aujourd'hui. J'en parle dans le groupe. J'explique pour quelles raisons j'ai choisi chacun de ces mots.
- J'entoure ensuite en vert trois mots de cette liste qui pourront révéler ce que je serai d'ici quelques années, ou qui représentent pour moi un idéal vers lequel je voudrais tendre. J'en parle dans le groupe. J'explique pour quelles raisons j'ai choisi chacun de ces mots.

sagesse, justice, honnêteté, droiture, bonté, humanité, générosité, bienveillance, persévérance, politesse, amabilité, gentillesse, patience, tolérance, fidélité, respect, modestie, retenue, pudeur, exactitude, sensibilité, prudence, courage, créativité, force, espérance, altruisme, fermeté, volonté, loyauté, franchise, sincérité, adresse, habileté, lucidité, discernement, sociabilité, sobriété, propreté, conformisme, anti-conformisme, calme, douceur, persévérance, maîtrise de soi, spontanéité, discrétion

- J'ajoute les mots qui manquent...

Public lycéen – Assez facile – 15 à 20 minutes – Sans préparation

L'**exercice 3** est composé de mots choisis pour leur connotation positive. Il nécessite un temps d'appropriation par chacun. Ce temps peut aussi être collectif. Chacun énonçant à haute voix les questions qu'il se pose à propos de tel ou tel mot (« Qu'est-ce que ça veut dire ? Je ne sais pas quoi choisir », etc.).

L'animateur organise le déroulement de l'exercice, en respectant les différentes étapes ou consignes. Il progresse au rythme des participants et des effets que produisent les paroles des uns sur les autres.

L'**exercice 4** peut se faire assez vite, avec spontanéité et humour. Tous les mots énoncés sont notés, pour réaliser ensuite une phrase. Celle-ci peut être réalisée individuellement ou collectivement.

Les mots servant de point de départ à ce jeu d'association peuvent être choisis par les participants de l'atelier de parole.

EXERCICE 4

Jeu avec des mots

Qu'est-ce que les mots évoquent pour moi ?

• Je concentre mon attention sur un mot précis. Je laisse fuser les mots. J'écris ou je dis tous les autres mots ou images qui me viennent à l'esprit quand je pense à ce mot-là.

• Je commence avec le mot Vie. Quels sont les mots et les images qui me viennent à l'esprit quand je pense au mot Vie, à la vie en général ?

• Je mets en commun mes mots avec ceux des autres participants du groupe. J'essaye de réaliser une phrase sur la vie, ayant une signification, en utilisant certains des mots prononcés par les uns et les autres.

• Je poursuis avec d'autres mots comme Travail, Amour, Amitié, Mort...

Tout public – Assez facile – 20 à 25 minutes – Sans préparation

EXERCICE 5

Quels sont les besoins à satisfaire pour vivre en humain ?

• Je prends connaissance des besoins inscrits ci-dessous. J'ajoute les besoins qui auraient été oubliés.

• Je classe ces besoins par familles : je mets ensemble les besoins similaires.

• J'observe ensuite la pyramide des besoins de Maslow qui est vide pour le moment. Cette pyramide est constituée de cinq couches successives qui représentent les cinq familles de besoins nécessaires à l'humain pour vivre. Cette pyramide se remplit du bas en haut.

• En m'appuyant sur les besoins que j'ai déjà regroupés par familles, je les mets en ordre. Puis je remplis cette pyramide en commençant par le bas. J'inscris, les uns au-dessus des autres, les besoins qui doivent être satisfaits pour vivre en humain.

Liste de besoins :

Entreprendre, avoir des activités sociales,
prévenir les maladies et les accidents domestiques,
croire en soi, manger, se poser des limites,
respecter son corps, avoir un toit,
connaître son histoire familiale,
se donner des valeurs, boire,
se sentir en sécurité là où l'on est,
avoir des amis, s'éduquer, aimer,
travailler, dormir, s'apprécier,
respecter les règles d'hygiène,
créer, se protéger des dangers,
avoir une identité, etc.

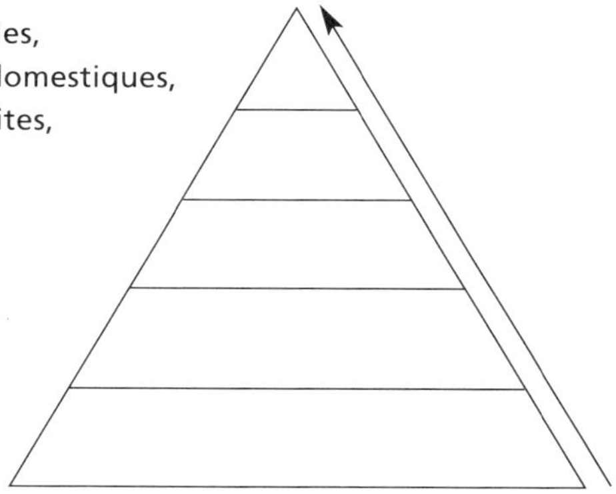

Tout public – Assez difficile – 25 à 30 minutes – Préparation nécessaire

Le **besoin** est de l'ordre de la nécessité (besoin de manger, d'avoir une identité, etc.). Les besoins doivent toujours être pris en compte car ils participent à la construction de la personne.
La satisfaction des **désirs** et des envies peut être différée ou refusée. Les désirs et les envies ne relèvent pas de la nécessité vitale ou psychique. Leur non-satisfaction produit de la frustration que l'humain doit apprendre à gérer.
L'argent n'est pas un besoin, même si nous avons besoin d'argent pour vivre. Il est un **moyen** parfois nécessaire pour satisfaire nos besoins et nos désirs.
Les **sentiments**, comme l'amour, sont des ressentis qui s'inscrivent dans la durée. Ils accompagnent la réalisation des besoins, notamment les besoins d'estime de soi.

Bien avant d'animer l'**exercice 5**, l'animateur prend connaissance de la pyramide des besoins de Maslow (*cf.* Annexes, p. 185). Il se familiarise avec les notions de **besoin, désir, moyen, sentiment** et de hiérarchie des besoins.

Avant de proposer aux participants-jeunes l'exercice papier-crayon, l'animateur peut proposer un remue-méninge préalable : « Lorsque je dis le mot *besoin*, quels sont les autres mots qui viennent à l'esprit de chacun de nous ? » Il liste au tableau les mots proposés. Les participants découvrent ensuite l'exercice. Les discussions entre participants sont souhaitables durant sa réalisation.

Au terme de l'exercice, l'animateur leur décrit la pyramide des besoins telle que Maslow l'a conçue. Il propose ce modèle, mais ne l'impose pas. Chacun peut ensuite expliquer aux autres, le modèle qu'il a lui-même choisi.

Pour terminer l'exercice, l'animateur propose au groupe un échange informel à partir des questions suivantes :
– Qu'est-ce que je ressens, lorsque l'un et l'autre besoins qui me sont nécessaires pour vivre sont satisfaits ? (Bien-être, bien-traitance, respect de soi, contentement, joie…)
– Que signifie ne pas donner satisfaction à ses propres besoins ou aux besoins de ses enfants lorsque l'on est parent ? (Non-traitance, maltraitance, manquement à ses obligations, exercice des droits…)

Avant de proposer l'**exercice 6**, l'animateur doit avoir fait un important travail documentaire[2], en privilégiant les outils concrets d'identification[3]. Il utilise ces documents pour faire réagir et parler les participants. En outre, il accorde une part essentielle aux témoignages, aux expériences des uns et des autres en la matière, dans un esprit de confrontation et non de rationalisation.

2. Extrait de la Déclaration universelle des droits de l'homme, de la Charte des enfants…
3. Présenter des copies de cartes d'identité de différents pays : européens, asiatiques, etc. Proposer des documents photographiques ou vidéo sur les techniques d'identification.

EXERCICE 6

L'identité, c'est quoi ?

Je réponds aux différentes questions. J'en discute avec les autres participants.

1) À quoi sert l'identité ? Puis-je vivre sans identité ? Ai-je le droit à une identité ?
2) Comment les États et les sociétés arrivent-ils à identifier les individus vivant sur leur territoire national ? Quels sont les outils qui permettent d'identifier les individus ?
3) Existe-t-il des territoires où les individus ne sont pas identifiés ? Quelles peuvent en être les conséquences pour les individus, pour le pays… ?
4) Qu'est-ce que je sais des services de l'état civil en France ? Que contient la carte d'identité en France ? Où, quand, comment se la procure-t-on ? Quelles sont les difficultés rencontrées pour se procurer, en France, une carte d'identité ? Que peut contenir la carte d'identité dans d'autres pays ?
5) Comment sont identifiés les individus dans les pays où la carte d'identité n'existe pas ?
6) Qu'est-ce que je sais et qu'est-ce que je pense des techniques informatiques, biométriques, génétiques pour identifier les individus ?

Public lycéen – Difficile – 40 à 60 minutes – Préparation indispensable et importante

EXERCICE 7

Parcours dans mon identité

L'identité, c'est important pour chacun. Connaître ou mieux connaître mon identité peut m'être utile dans ma vie quotidienne, notamment pour me présenter aux autres. Mon identité est personnelle. Elle est aussi très complexe. Elle comprend, comme le diamant, de multiples facettes.

• J'observe la cible ci-dessous qui comprend les quatre facettes principales de l'identité de chacun : Le moi, l'identité personnelle, l'identité sociale, l'identité institutionnelle.
• À l'aide de quatre questionnaires différents, je vais rendre visible et lisible, à mes yeux, les différentes parties de mon identité. Je réponds ainsi à la question « Qui suis-je ? »
• Je remplis chaque partie de la cible en répondant aux différentes questions posées. Je commence par le centre de la cible.

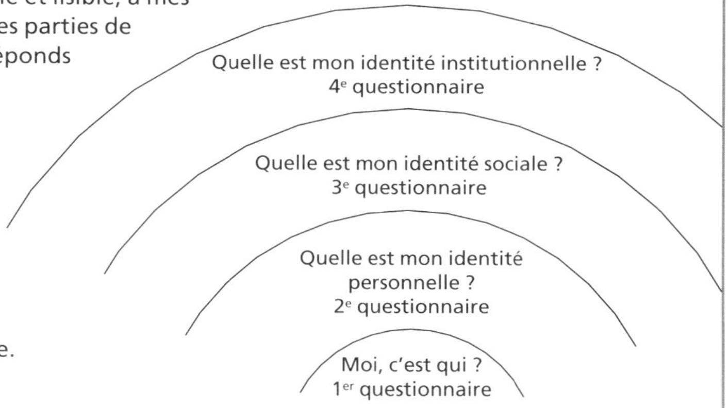

Public lycéen – Assez difficile – 2 h – Préparation : se familiariser avec l'exercice

7a EXERCICE

1er questionnaire :

Moi, c'est qui ?

Je réponds à chaque question. J'inscris la réponse dans la partie de la cible correspondante. J'en parle avec les autres.

• À quelle espèce est-ce que j'appartiens ?

Pour répondre, je commence par réfléchir à la question « Suffit-il de naître en humain sur le plan biologique (génétique) pour vivre en humain sur le plan psychique ? » en regardant et en illustrant avec des exemples concrets les dessins ci-dessous.

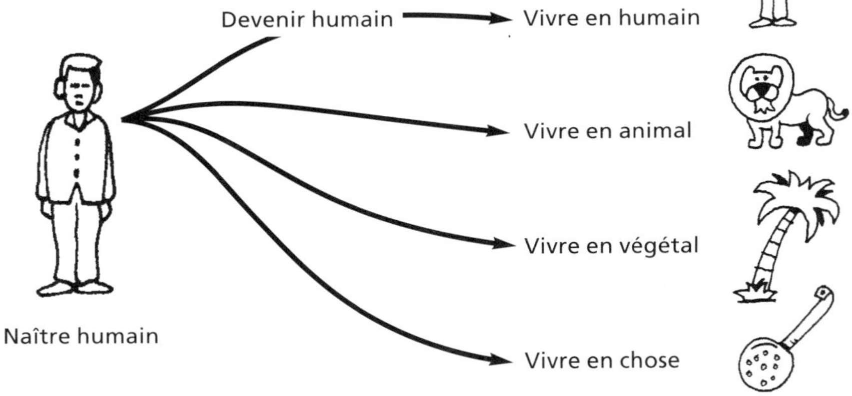

• Quelle est mon identité sexuée sur le plan biologique ou génétique : suis-je garçon ou fille ?

• Quelle est mon identité sexuée sur le plan psychique : est-ce que je me sens plutôt masculin ou féminin ?

• Quelle est mon identité sexuelle, ou celle à laquelle j'aspire ?

• Quelle est mon identité physique :
– Quelle image objective ai-je de moi (quels sont ma taille, mon poids, la couleur de mes yeux, de ma peau, de mes cheveux) ? Ai-je des caractéristiques physiques spécifiques ?
– Comment est-ce que je me vois physiquement (grand, petit, gros, etc.) ? Comment est-ce que j'aimerais être physiquement ?

• Quelle est mon identité psychique : qui suis-je intérieurement ?
– Quels sont mes traits de caractère les plus caractéristiques ?
– Comment est-ce que je m'apprécie psychiquement ?
– Quels sont les principes, les valeurs, l'idéal de vie auxquels je tiens ?

7b EXERCICE

2e questionnaire :

Quelle est mon identité personnelle ?

Ce deuxième questionnaire comprend deux parties. Je réponds à chaque question. J'inscris la réponse dans la partie de la cible correspondante. J'en parle avec les autres.

1 – Quelle est mon identité familiale ou identité de filiation, ou bien : de qui suis-je le fils ou la fille… ?

- Quel est mon nom ? Quels sont les noms de mes parents ? D'où vient mon nom ? Que signifie-t-il ?
- Quels sont mes prénoms ? Que signifient-ils ? Pour quelles raisons, mes parents m'ont-ils donné ce ou ces prénoms ?
- Quelle est ma place dans ma famille parmi mes frères et sœurs ? Quels sont mes rôles, mes responsabilités dans la famille ?
- Qu'est-ce qui caractérise ma famille : nombre de personnes, langue parlée, histoire familiale, habitudes familiales, principes, etc.
- Quelle est mon hérédité dans le cadre familial : quelles sont mes ressemblances et mes différences physiques avec des personnes de ma famille ?
- Quel est mon héritage psychique dans le cadre familial : de quoi ai-je hérité, sur le plan culturel, psychologique, moral, des membres de ma famille ?

2 – Quelle est mon identité amicale ?

- Qui sont mon ou mes véritables ami(e)s ?
- Qu'est-ce que j'apprécie chez mon ou mes ami(e)s ?
- Quel est le groupe d'amis que je fréquente ? A-t-il un nom ? Quelles sont ses caractéristiques : taille du groupe, lieu pour se rencontrer, liens entre les personnes, intérêts et activités communs, etc.

7c EXERCICE

3e questionnaire :

Quelle est mon identité sociale ?

L'identité sociale ou identité d'affiliation permet de répondre à la question : « À quels groupes est-ce que j'appartiens ou j'adhère ? » J'appartiens ou j'adhère à plusieurs groupes en même temps.
L'identité sociale se construit tout au long de la vie. Quelle est mon identité sociale aujourd'hui ? Quelle est l'identité sociale que je prépare, à laquelle j'aspire ?

Je réponds à chaque question. J'inscris la réponse dans la partie de la cible correspondante. J'en parle avec les autres.

- À quelle classe d'âge, est-ce que j'appartiens ?
- À quels groupes de formation est-ce que j'appartiens ? Suis-je élève, étudiant… ? Quelles études ai-je entrepris ? De quel établissement de formation suis-je issu(e) ? Quelles sont les formations professionnelles envisagées ? etc.
- À quels groupes géographiques est-ce que j'appartiens ? Quel quartier, quelle commune, quelle région, quelle ethnie, quel pays, quel continent ? etc.

7c

EXERCICE

• À quelle classe sociale est-ce que j'appartiens ? (Classification de l'INSEE)
• À quels groupes professionnels est-ce que je souhaite appartenir ? (Métiers, emplois, syndicats professionnels, entreprises, institutions, etc.)
• À quels groupes non professionnels est-ce que j'appartiens ? (Loisirs, associations, centres d'intérêt, clubs, groupes, etc.)
• À quels groupes culturels est-ce que j'adhère ? Quelles sont les langues que je parle ou apprécie ? Quelles sont les civilisations qui ont de l'importance pour moi ? Quelles sont les nourritures, les usages, les habitudes culturelles que j'apprécie ?
• À quels groupes particuliers ou informels suis-je affilié ? (Réfugié, malade, enfant adopté, handicapé, grand voyageur, etc.)

7d

EXERCICE

4e questionnaire :

Quelle est mon identité institutionnelle ?

Quels sont les grandes idées, les principes, les concepts qui ont de l'importance à mes yeux aujourd'hui ? Quels sont les grandes idées, les grands principes qui pourront avoir de l'importance à mes yeux plus tard ?

Je réponds à chaque question. J'inscris la réponse dans la partie de la cible correspondante. J'en parle avec les autres.

• Quelle est mon identité citoyenne ? Quelle est ma nationalité ? À quels principes généraux, quelles lois, quelles valeurs (comme la liberté, l'égalité, la fraternité, etc.) est-ce que j'adhère ?
• Quelle est mon identité politique ? Quelles sont les idées politiques auxquelles j'adhère ? De quel parti politique est-ce que je me sens le plus proche ?
• Quelle est mon identité économique ? À quels fonctionnements économique et social est-ce que j'adhère ? Quel sorte de consommateur suis-je ?
• Quelle est mon identité spirituelle, philosophique ou religieuse ? De quelle communauté philosophique ou religieuse suis-je le plus proche ?

Pour ne pas produire un effet de lassitude, l'**exercice** 7 peut être réalisé en plusieurs fois et sur plusieurs séquences, à condition que chaque jeune ait avec lui sa cible (et les documents ci-dessus) pour la compléter au fur et à mesure des séquences.

L'animateur accompagne le questionnement des participants-jeunes en explicitant par des exemples ou en apportant ses propres réponses. L'animateur veille à ne pas trop se raconter lui-même car ses réponses ont pour fonction principale de stimuler le questionnement des jeunes.

Chaque cible de l'**exercice** 7 sera remplie individuellement. L'animateur propose à l'ensemble des participants de la remplir de manière personnalisée, en essayant par exemple de construire un motif avec les réponses.

Le premier questionnaire concerne la facette centrale du Moi ou du Soi de chacun. Il comprend cinq aspects différents : l'identité humaine, sexuée, sexuelle, physique, psychique.

La question « À quelle espèce j'appartiens ? » a besoin d'être concrètement expliquée car elle trouble certains jeunes. Elle peut les mettre en colère : « C'est une question idiote, disent-ils. On est tous des humains ! » Il s'agit, pour l'animateur, d'aider ces jeunes à différencier l'humain-biologique de l'humain-psychique en les amenant à prendre conscience qu'il ne suffit pas de naître en humain pour vivre en humain.

Exemple :

L'animateur énonce qu'il regarde la 3e ligne du dessin « Naître en humain – Vivre en végétal ». Il pose alors la question suivante : « Connaissez-vous l'expression "Il est devenu un légume" ? ou bien "Il a une vie végétative" ? » Il aide les participants à illustrer un état de vie physiologique avec des exemples, comme celui des malades en coma profond, ou de certaines personnes grabataires en fin de vie, etc. Il laisse les participants s'approprier ces images. Il procède de même avec les catégories « chose et animal ». Il questionne ensuite, sans pour autant en espérer des réponses précises : « À votre avis, qu'est-ce que ça veut dire concrètement "vivre en humain" sur le plan moral et psychique ? »

La facette identité personnelle concerne principalement l'identité de filiation : « Je suis le fils, la fille de… » Cette identité s'inscrit dans les relations aux autres dans le cadre de la sphère privée (ascendants, collatéraux et pairs).

La facette identité sociale concerne l'identité d'affiliation : « Je me sens affilié, j'adhère, je participe à tel ou tel groupe. » L'identité d'affiliation s'inscrit dans les relations aux autres dans la sphère publique.

La facette identité institutionnelle est la facette la plus éloignée de soi et la plus difficile à concevoir car elle nécessite une adhésion, une affiliation à des concepts, à des idéaux, à des principes institu-

tionnels. Elle est abstraite. Elle peut se décliner de différentes manières :
– L'identité citoyenne est un sentiment d'appartenance à une ethnie, à une société (de consommation, par exemple). De quelle manière chaque jeune peut-il exprimer cette appartenance ?
– L'identité religieuse est un sentiment d'appartenance à une doctrine, à une religion. De quelle manière chaque jeune peut-il exprimer cette appartenance ?
– L'identité politique est un sentiment d'appartenance à une nation, aux concepts véhiculés par cette nation. De quelle manière chaque jeune peut-il exprimer cette appartenance (notamment par la nationalité) ?

La mise en mots de l'identité de l'adolescent peut ne pas se faire publiquement. Le principe de discrétion reste la règle. L'exercice a cependant pour fonction de faire parler, échanger, discuter, prendre conscience et de mettre au jour des aspects particuliers, comme apprendre à différencier la sphère privée (identité personnelle) de la sphère publique (identité sociale).

Le jeune se rendra compte, au cours de cet exercice, qu'il n'a pas une seule facette à son identité, mais de multiples facettes. Cette prise de conscience est particulièrement utile aux adolescents les plus en difficulté sur le plan social ou en situation de revendication identitaire, car ils sont souvent convaincus que leur identité se limite à la seule facette qu'ils mettent en avant ou exhibent.

EXERCICE 8

La personnalité, qu'est-ce que c'est ?

Lorsque j'entends le mot « personnalité », à quoi est-ce que je pense ? Quels sont, à mon avis, les différents aspects qui définissent la personnalité de quelqu'un ?

Je réfléchis ensuite et je discute avec d'autres sur les questions suivantes :
• Quand dit-on de quelqu'un qu'il a de la personnalité, ou qu'il a une forte personnalité ? Je cherche des exemples de personnes ayant une forte personnalité, dans mon entourage proche ou lointain.
• Quand dit-on de quelqu'un qu'il n'a pas de personnalité ? Je cherche des exemples de personnes ayant peu de personnalité, dans mon entourage proche ou lointain.

Public lycéen – Difficile – 10 à 15 minutes – Sans préparation

L'**exercice 8** a principalement pour fonction de faire parler les participants. Cependant l'animateur peut noter sur un tableau, visible par tous, les réponses à la première question. Il peut ainsi proposer aux participants de classer ou de regrouper les différents aspects énoncés par familles de réponses. La personnalité comprend : les éléments de l'histoire personnelle, les traits de caractère, les émotions que l'on ressent le plus souvent, les éléments de l'identité, les personnes qui sont importantes pour soi dans sa vie, les projets, etc.

EXERCICE 9

Je m'apprécie assez, ni trop, ni trop peu

1) À quels autres mots me fait penser le verbe « s'apprécier » ou l'expression « être apprécié par autrui » ? Je dis ces mots à haute voix, pour une mise en commun dans le groupe. Je les écris ici.

....

....

Je réponds ensuite le plus spontanément possible aux questions 2, 3, 4. Je présente mes réponses aux autres et j'en discute avec eux.

2) a) Qu'est-ce que j'apprécie en moi ?
Je choisis cinq réponses que j'écris ici en les classant de 1 à 5, de la plus importante pour moi à la moins importante.
J'apprécie : certains traits ou éléments de mon caractère, de ma personnalité, de mon aspect corporel ou physique, certaines de mes activités présentes ou passées, certains de mes projets, certaines de mes manières d'être avec les autres, etc.

b) Qu'est-ce que je n'apprécie pas en moi ?
Je choisis cinq réponses que j'écris ici en les classant de 1 à 5.
Je n'apprécie pas : certains traits ou éléments de mon caractère, de ma personnalité, de mon aspect corporel ou physique, certaines de mes activités présentes ou passées, certains de mes projets, certaines de mes manières d'être avec les autres, etc.

3) À mon avis, qu'est-ce que la personne la plus importante pour moi actuellement apprécie en moi ?
Je me place du point de vue de cette personne (ma mère, mon père, mon ami, mon amie, etc.) et j'imagine ce qu'elle apprécie en moi.

4) Quelles sont les personnes que j'apprécie, admire ou aime beaucoup (personnes ou personnages réels, virtuels, littéraires, etc.) ?
J'explique mon ou mes choix.

Tout public – Difficile – 20 à 25 minutes – Sans préparation

L'**exercice 9** doit se réaliser dans une atmosphère particulièrement apaisée et bienveillante car il aborde la question subjective de l'image de soi : l'image physique à travers l'expression « apprécier, aimer son image » et l'image psychique à travers les expressions « estime de soi, avoir de la valeur à ses yeux, être satisfait de soi-même, s'aimer soi-même, etc. ».

La construction de l'estime de soi est progressive au cours de l'adolescence. Elle s'exprime souvent de manière excessive en suivant la loi du tout ou rien. Et par méconnaissance de ses réelles potentialités, l'adolescent peut avoir tendance à se dévaloriser ou à se survaloriser.

L'exercice oriente l'adolescent vers une vision plus globale de lui-même afin qu'il perçoive et reconnaisse à la fois ce qu'il apprécie et ce qu'il n'apprécie pas en lui ; ces deux aspects, contradictoires, étant constitutifs de ce qu'il est.

Avec la troisième question, il essaye de mettre en œuvre une compétence nécessaire dans les relations : l'empathie. Cette capacité d'imaginer ou de penser le point de vue de l'autre se développe à travers l'expérimentation. Cette troisième question a souvent besoin d'être répétée ou reformulée quand les adolescents ne la comprennent pas. L'animateur peut expliquer concrètement ce qu'il s'agit de faire pour que les participants-jeunes puissent se l'approprier : « Vous pensez à la personne qui a le plus d'importance à vos yeux, en ce moment. Vous repensez à des situations où vous êtes avec elle. Vous essayez d'imaginer ce qu'elle peut penser de vous à ce moment-là… »

Ces exercices à la fois participent à une meilleure connaissance de soi ou plus précisément de certains aspects de sa personne, et facilitent une parole publique sur soi. La mise en pratique de ces exercices peut aider les adolescents à s'exprimer sur eux-mêmes avec plus de facilité, notamment lors d'un entretien professionnel.

chapitre 3

Apprendre « l'autre », à accepter les autres et à vivre en groupe

L'être humain est un être de relation. Il ne peut exister sans l'autre, sans les autres. L'enfant et l'adolescent ont particulièrement besoin des autres durant cette période de construction de soi et d'élaboration de leur personnalité future. Celle-ci s'organise en se référant à autrui. L'enfant et l'adolescent apprennent à vivre avec les autres et en groupe en les **imitant** et en **s'identifiant** à eux. Ils développent ainsi des savoir-être et des savoir-faire qui facilitent leurs relations aux autres et leur intégration dans un groupe.

L'imitation est un processus qui commence dès la première année de vie. Il consiste à observer l'autre pour s'en servir comme d'un modèle. L'enfant fait comme l'autre, puis joue à « faire comme » lui. Il recopie ses gestes, ses attitudes, ses mimiques ou ses expressions.

L'identification est un processus plus complexe que l'imitation. L'enfant choisit certains modèles à imiter, mais il ne les recopie pas tels quels. Il leur fait subir une transformation afin d'adapter gestes, attitudes et conduites... à sa propre personnalité. Cette transformation peut consister à s'opposer au modèle initial et à faire le contraire de ce qui a été observé.

Les exercices proposés dans ce chapitre ont pour but d'aider les adolescents à développer leur intelligence interpersonnelle. Celle-ci « repose sur la compétence intuitive à percevoir les projets et les désirs de l'autre. Elle se traduit par le désir de participer à des projets collectifs et l'envie de coopérer. Elle a pour corollaire le besoin d'une cohésion, d'un leader, d'une organisation[1] ».

La réalisation des exercices par les participants-jeunes peut être associée à la création d'un label « qualité de relation » à l'autre. Ce label met l'accent sur les représentations personnelles et sociales respectueuses de l'autre et des autres. Il insiste particulièrement sur l'importance de certaines attitudes relationnelles comme l'attention et la bienveillance à l'égard de l'autre, la tolérance envers ce qu'il est, le désir de coopérer avec lui, etc.

Les attitudes de refus des participants-jeunes à l'égard des exercices contenus dans ce chapitre sont fréquentes. Elles sont en lien avec leurs représentations mentales du rapport à l'autre, fondé

1. C. Carré, *op. cit.*

essentiellement sur un rapport de force ou de pouvoir. Ces jeunes fonctionnent par la domination pour ne pas être dominé par autrui. Dans ce contexte, les attitudes de coopération ou de participation sont perçues comme des attitudes de faiblesse.

Les animateurs veilleront à ne pas disqualifier ces représentations. Ils les accueillent et proposent aux jeunes d'élargir leur champ des possibles sur le plan relationnel en essayant d'expérimenter les nouvelles démarches proposées tout au long des exercices.

EXERCICE 10

Qui est « l'autre », qui sont les autres pour moi ?

• Je prends connaissance de l'ensemble de l'exercice. Il est composé d'une cible et d'une liste de mots qui représentent des personnes différentes.
• Je suis « moi », indiqué au centre de la cible, dans le 1er cercle. La cible est partagée en deux parties et en différents cercles successifs. Dans la partie de droite, je vais écrire le nom des personnes que je connais bien. Dans la partie de gauche, je vais écrire le nom des individus que je ne connais pas personnellement ou que je connais peu.
• Dans chacune des parties, je n'écris pas au hasard, dans n'importe quel demi–cercle. J'inscris chaque personne en fonction du degré de proximité qu'il y a entre elle et moi. Pour chacune d'elle, avant de l'inscrire, je me pose la question suivante : « Quelle distance existe-t-il entre moi et elle ? » Si je connais la personne, si elle est très importante pour moi, si elle m'est très proche, je l'inscris dans le 2e demi-cercle, le plus proche de moi, à droite. Moins la personne est importante pour moi, plus elle m'est indifférente, plus elle est inscrite dans les demi-cercles les plus éloignés de moi.
• Lorsque j'ai terminé l'exercice, je discute de mes choix avec les autres membres du groupe.

Mon père, ma mère
Mon frère, ma sœur
Mon (ma) meilleur(e) ami(e)
Le professeur que j'apprécie
L'élève de ma classe que j'aime bien
Le boulanger, le médecin
Un vendeur dans la boutique de jeux vidéo
Mon groupe de chanteurs(euses) préféré
Un voisin dans mon quartier
Un élève de ma classe
Un professeur
Un policier, etc.

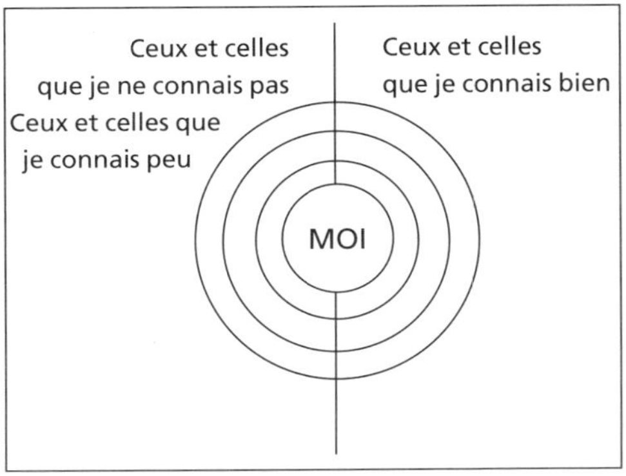

Tout public – Difficile – 15 à 20 minutes – Préparation : se familiariser avec les notions utilisées

L'**exercice 10** a pour fonction de donner une dimension concrète à la question : « Qui est l'autre pour moi ? » L'autre est pour certains adolescents un concept flou qui ne recouvre pas l'ensemble des personnes distinctes de soi.

Exemple :

À la fin de l'exercice, une jeune fille s'étonne : « J'ai du mal à imaginer, dit-elle, que mes parents puissent être des autres pour moi. Et pourtant c'est une évidence, mes parents ne sont pas "moi". Mais ils sont autre chose. Le terme "autrui" ou "autre" ne me convient pas pour parler de mon père ou de ma mère. »

Pour rendre perceptible la notion d'autrui pour chaque participant-jeune, l'exercice travaille sa capacité à différencier les individus les uns des autres. Il commence par distinguer précisément les personnes qu'il connaît de celles qu'il ne connaît pas. L'exercice développe aussi sa capacité à classer, dans des catégories différentes, les individus par rapport à lui-même en fonction de l'importance qu'il accorde ou n'accorde pas à chacun d'eux. Il interroge ainsi la distance entre lui et l'autre, question centrale dans le cadre des relations interindividuelles. La recherche d'une bonne distance relationnelle est nécessaire pour trouver sa place par rapport à l'autre et aux autres. Car une trop grande proximité ou une trop grande indifférence à l'égard de l'autre et des autres est productrice de tensions, de conflits, de mal-être physique et relationnel.

Les animateurs doivent accompagner les jeunes tout au long de la découverte et de la réalisation de cet exercice qui produit parfois de l'incompréhension (« Je ne comprends pas ce qu'il faut faire »). Lorsque l'animateur participe lui-même à l'exercice, il décrit et explique concrètement sa propre cible. Cette manière de procéder peut être utilisée par le jeune pour réaliser lui-même sa cible.

Il est fréquent qu'un jeune place, à côté de lui, dans le 1er cercle qui l'identifie, quelqu'un d'autre. Cette confusion entre lui et autrui donne sa pleine valeur à l'exercice. Les animateurs peuvent aider ce jeune à réfléchir sur la distinction entre soi et l'autre en lui posant des questions : « Est-ce que quelqu'un d'autre que toi peut être avec toi dans le premier cercle ? Si tu le mets avec toi, dans le premier cercle, est-ce qu'il ne risque pas de se confondre avec toi ? »

EXERCICE 11

À quelle distance peux-tu t'approcher ?

• J'observe le dessin ci-dessous. Je suis au centre du dessin, entouré de mon « halo », espace protecteur ou bulle psychique indispensable et nécessaire pour me protéger des autres.

• Quand je suis familiarisé avec la notion de « halo », je réponds aux questions suivantes :
Quelles sont les personnes que je laisse pénétrer dans mon halo protecteur ?
Quelles sont les personnes que je ne laisse pas pénétrer dans mon halo ?
La taille de mon halo varie d'une personne à l'autre. J'identifie ces variations lorsque la personne qui s'approche est : un(e) inconnu(e) ; quelqu'un dont je me méfie ; un ami que je n'ai pas vu depuis longtemps ; une personne que je n'apprécie pas, mais qui semble bien m'apprécier, etc.

Tout public – Assez facile – 10 à 15 minutes – Préparation : se familiariser avec la notion de halo

Chacun de nous possède un espace personnel entre sa peau (ou enveloppe corporelle) et la peau (ou enveloppe corporelle) de celui qui s'approche. La taille de ce halo protecteur est variable d'une personne à l'autre, d'un moment à l'autre. En général, la taille du halo augmente lorsqu'une personne indésirable s'approche de soi. La taille du halo diminue lorsqu'une personne appréciée s'approche de soi.

L'**exercice 11** doit permettre à chaque jeune de chercher et de trouver la bonne distance, physique et psychique, à l'égard des différentes personnes qu'il rencontre, en identifiant, le volume de « sa bulle » face à chacune de ces personnes.

La taille de l'écart peut être exprimée verbalement (par la parole) ou corporellement (par le geste), en le montrant ou bien en le mimant seul ou avec d'autres.

EXERCICE 12

Qu'est-ce que je ressens ?

J'observe attentivement les différents dessins inscrits ci-dessous. Les visages représentent des émotions. J'identifie d'abord ces diverses émotions.
Je choisis ensuite, parmi cette liste, les trois émotions que j'aime le plus ressentir.
Je présente mes choix aux autres, je les explique et j'en discute avec eux.
Je choisis enfin, parmi cette liste, les trois émotions que je n'aime absolument pas ressentir. Je présente mes choix aux autres, je les explique et j'en discute avec eux.

Tout public – Assez facile – 20 à 25 minutes – Sans préparation (dictionnaires à prévoir)

Remarque : pour pouvoir être photocopié et distribué tel quel aux participants, cet exercice est reproduit en grand format dans les Annexes, p. 186.

L'**exercice 12** produit toujours un effet positif sur les jeunes. Il suscite leur curiosité. Il est accompagné de paroles spontanées en lien avec les visages, les expressions et les émotions qu'ils découvrent. Il facilite les échanges.

Dans un premier temps, les animateurs laissent chaque jeune prendre connaissance de l'exercice. Ils lui conseillent de regarder les visages présentés sur la fiche et de réagir spontanément, à haute voix s'il le désire. Les animateurs écoutent les réactions et les échanges libres des jeunes. Ils les stimulent pour leur faire préciser leurs ressentis en lien avec l'émotion dont ils parlent. Ils peuvent apporter leurs propres réactions spontanées, notamment si les réactions des participants-jeunes sont rares ou inexistantes.

Lorsque des participants expriment leur méconnaissance à propos de certaines émotions présentées sur la fiche, la référence au dictionnaire doit rester la règle. La définition est alors énoncée paisiblement, sans être imposée. Elle peut être discutée entre les participants en vue d'une appropriation par chacun.

Dans un second temps, l'exercice peut se réaliser. Chacun intervient successivement pour énoncer les trois émotions choisies et les expliciter. L'animateur peut stimuler la parole du jeune en lui demandant de préciser les situations au cours desquelles il aime ou n'aime pas ressentir ces émotions, de décrire les effets de ces émotions sur lui-même et sur son entourage...

L'animateur peut aussi proposer aux jeunes de brèves situations de la vie quotidienne familiale, scolaire, sociale qui mettent en scène des personnes. Chaque situation est décrite par l'animateur et chaque participant doit chercher parmi les expressions proposées dans la fiche celle(s) qui correspond(ent) le mieux à ce qu'il pourrait ressentir dans cette situation particulière.

11

Quelques exemples de situations pour parler de ce que l'on ressent

• Vous attendez l'arrivée de votre train sur le quai de la gare. Vous avez un long trajet à faire et vous n'avez pas de réservation. Il y a déjà beaucoup de monde sur le quai. Plusieurs personnes arrivent et se faufilent devant vous pour pouvoir monter en premier lorsque le train sera à quai. Que ressentez-vous ?
Ou : Vous attendez pour entrer dans un cinéma. La file d'attente est déjà longue et vous vous demandez si vous aurez une place dans la salle. Plusieurs personnes arrivent et se faufilent devant vous. Que ressentez-vous ?

• Un proche (famille ou ami) avec lequel vous n'avez pas une très bonne entente, vous ramène de voyage un objet qui vous fait grand plaisir. Que ressentez-vous ?

• Vous croisez dans l'établissement scolaire un de vos anciens professeurs que vous n'avez pas vu depuis longtemps et qui s'arrête à votre hauteur pour demander de vos nouvelles. Que ressentez-vous ?

L'exercice 12 a pour objectif de développer le vocabulaire émotionnel. Il facilite les allers et retours entre ressentis et concepts, entre émotions et situations. Il permet de repérer et d'identifier les émotions ressenties dans telle ou telle situation. Il convient particulièrement aux adolescents atteints d'alexithymie[2].

EXERCICE 13

Les émotions et les sentiments dans la vie quotidienne

Je réponds aux questions posées dans l'exercice. J'en discute avec les autres.

1) Une émotion, qu'est-ce que c'est ? ....

2) Un sentiment, qu'est-ce que c'est ? ....

3) Le tableau ci-dessous comprend quatre catégories d'émotions différentes. Je remplis chaque colonne avec des émotions sélectionnées dans la liste située au-dessous du tableau[3].

Peur	Joie	Colère	Tristesse

Satisfaction, révolte, mélancolie, trac, ravissement, rage, désespoir, angoisse, amusement, apathie, nervosité, hostilité, dépression, fureur, gaieté, frayeur, jubilation, irritation, découragement, enthousiasme, froideur, horreur, chagrin, enchantement, crainte, exubérance, contrariété, plaisir, anxiété, allégresse, appréhension, terreur, contentement, agacement, liesse, abattement, désenchantement, amertume, énervement, hostilité, mécontentement, rébellion.

4) Je remplis maintenant le tableau ci-dessous en y classant différents sentiments.

Amitié	Amour	Hostilité

Affection, tendresse, antipathie, passion, sympathie, délicatesse, haine, humiliation, indignation, détresse…

Tout public – Plutôt difficile – 20 à 25 minutes – Préparation : se familiariser avec les notions

2. Difficulté à reconnaître et à évoquer les émotions ressenties.
3. Tableau emprunté à J.-Y. Arrivé, in *Savoir vivre ses émotions,* Retz, 2001, p. 32.

Une émotion est un trouble intense de l'affectivité, une réaction immédiate, incontrôlée et souvent de courte durée.

Un sentiment est un état affectif, relativement durable, lié à des émotions, des sensations, des perceptions, etc. Le sentiment s'adresse souvent à quelqu'un.

(Dictionnaire Hachette)

L'**exercice 13** complète l'exercice 12 (« Qu'est-ce que je ressens ? »). Il permet d'élargir le langage émotionnel en travaillant les distinctions entre **émotion** et **sentiment**. Il permet d'approcher chaque notion de manière rationnelle, en organisant les réponses et en les classant les unes par rapport aux autres. Cette démarche axée sur la réflexion est intéressante à développer car les émotions ont tendance à envahir le psychisme et à inhiber les processus mentaux en empêchant la pensée de s'exprimer de manière raisonnable et réfléchie.

Les échanges entre les participants portent sur les difficultés rencontrées pour réaliser l'exercice. La classification des émotions, telle qu'elle a été conçue par J.-Y. Arrivé, est présentée en annexe, p. 187, ainsi que la classification des sentiments. Les animateurs proposent (sans l'imposer) cette classification aux participants-jeunes : elle sert de base à la discussion.

Les échanges peuvent aussi porter sur une émotion ou un sentiment particulier, dont la lecture suscite chez certains participants un commentaire personnel ou général.

EXERCICE 14

Quel est le regard que je pose sur autrui ?

1) Je lis, avec les autres participants du groupe, les affirmations qui suivent. Je dis et j'explique ce que j'en pense. J'en discute avec les autres.
• Quoi qu'elle fasse, toute personne doit toujours être respectée. Ainsi, je ne peux pas dire à autrui : « Vous êtes nul ! »
• Ce sont les actes (ou les faits) que l'on juge, pas la personne qui les commet, à condition d'être compétent pour le faire. Ainsi, je peux dire à autrui, si j'en ai la compétence : « Votre travail est nul ! »
• Si je ne suis pas compétent pour juger l'activité ou le travail d'une personne, je peux exprimer ce que je ressens de cette activité ou de ce travail. Ainsi, je peux dire à cette personne : « Je n'aime pas votre travail. Votre cours ne m'intéresse pas ! »

2) Je lis chacune des deux questions qui suit. Je cherche mes réponses. J'en discute avec les autres membres du groupe.
• D'une manière générale, est-ce que j'ai un regard plutôt positif sur les autres (désir de les connaître, sympathie, intérêt, etc.) ? Je donne des exemples.
• D'une manière générale, est-ce que j'ai un regard plutôt négatif sur les autres (moquerie, critique, mépris, etc.) ? Je donne des exemples.

Tout public – Assez facile – 10 à 15 minutes – Préparation : se familiariser avec les notions présentées

L'**exercice 14** met en évidence le respect inconditionnel à l'égard de la personne humaine en distinguant ce qu'elle est de ce qu'elle fait. Par extension, l'animateur peut procéder à une autre distinction : différencier « ce qu'est » la personne de « ce qu'elle a ».

Il met en évidence les différentes manières de dire ce que l'on pense de quelqu'un, non pas en fonction des niveaux de langue, mais du positionnement des uns par rapport aux autres. Ainsi, un enseignant peut juger le travail d'un élève car cette activité entre dans son champ de compétence ; mais un élève ne peut pas juger le travail de son professeur car il n'est pas compétent pour cela. Par contre, un élève peut témoigner ou exprimer son ressenti à l'égard du cours réalisé par l'un de ses enseignants.

EXERCICE 15

Les relations entre les parents et leurs enfants

Je réfléchis sur les droits et les devoirs des parents à l'égard de leurs enfants et des enfants à l'égard de leurs parents en prenant connaissance des deux textes ci-après. Le premier texte est extrait du code civil. Le second texte représente un condensé de phrases sur l'éducation écrites par différents auteurs. J'exprime mon point de vue sur ces textes et ces phrases. J'en discute avec les autres participants.

1) Extraits du code civil
Article 371 : L'enfant, à tout âge, doit honneur et respect à ses père et mère.
Article 371 – 1 : L'autorité parentale est un ensemble de droits et de devoirs ayant pour finalité l'intérêt de l'enfant.
Elle appartient aux père et mère jusqu'à la majorité ou l'émancipation de l'enfant pour le protéger dans sa sécurité, sa santé et sa moralité, pour assurer son éducation et permettre son développement, dans le respect dû à sa personne.
Les parents associent l'enfant aux décisions qui le concernent selon son âge et son degré de maturité.
Article 205 : Les enfants doivent des aliments à leurs père et mère ou autres ascendants qui sont dans le besoin.
Article 207 : Les obligations résultant de ces dispositions sont réciproques…

2) Éduquer, c'est… ?
Savoir attendre.
Accompagner le jeune dans la recherche de ce qu'il veut être.
Aider le jeune à satisfaire ses besoins essentiels : manger, dormir, se vêtir, etc.
Aider le jeune à construire des projets et à les réaliser.
Instruire, former.
Valoriser, aimer, soutenir.
Transmettre au jeune l'histoire de sa famille, du groupe auquel il appartient.
Croire dans les possibilités du jeune.

15 EXERCICE

Protéger le jeune de certaines expériences excessives.
Aider le jeune à s'insérer progressivement dans la société des adultes.
Présenter au jeune des modèles de comportements.
Apprendre au jeune à respecter son corps.
Révéler les valeurs, les principes essentiels.
Apporter les contraintes immédiates qui réfréneront les instincts et les pulsions anarchiques.
Faire connaître au jeune les règles de la société dans laquelle il va vivre.

• Quel pourrait être, maintenant, mon propre slogan sur ce que signifie « éduquer » ?

Tout public – Assez facile – 25 à 30 minutes – Préparation : se familiariser avec les notions présentées

L'**exercice 15** a pour fonction de faire réfléchir et discuter les participants entre eux sur les relations intergénérationnelles et inégalitaires entre parents et enfants, mais aussi entre professeurs et élèves. Sous l'angle des droits et des devoirs des parents à l'égard de leurs enfants sont indirectement abordées les questions d'autorité.

Les extraits mis à disposition des participants-jeunes sont souvent des textes et des phrases qu'ils découvrent pour la première fois ou sur lesquels ils n'ont encore pas réfléchi. Ils peuvent avoir besoin d'être explicités. L'explication doit rester concrète.

Il est souhaitable que l'animateur organise le déroulement des deux parties de l'exercice, en faisant lire chaque paragraphe ou phrase par un participant différent, la discussion sur le texte ayant lieu immédiatement après sa lecture. L'animateur suscite, après chaque nouvelle lecture, la discussion par une question ouverte, empruntée, par exemple, aux questions suivantes : « Que ressentez-vous en lisant cette phrase ? Que pensez-vous de ce point de vue ? Quelles peuvent être les conséquences de l'application de cette phrase dans la vie quotidienne ? Pouvez-vous imaginer le point de vue de vos parents sur cette phrase ? Comment réagirez-vous à l'égard de vos enfants quand vous serez vous-mêmes parents ? »

Lorsque les jeunes participent peu à l'exercice, l'animateur peut proposer une variante au point 2 en suggérant aux participants de se positionner après la lecture de chaque phrase en fonction du critère : « Êtes-vous plutôt d'accord ou pas d'accord avec cette phrase ? »

L'animateur peut se préparer lui-même à cet exercice en consultant le code civil, en particulier dans le titre 9e (« De l'autorité parentale ») le premier chapitre sur l'autorité parentale relativement à la personne de l'enfant. Il peut aussi consulter le code junior[4], de même que l'ouvrage d'Antoine de Perreti[5] qui contient une liste de 32 définitions de l'éducation.

EXERCICE 16

Quelles sont mes manières d'être à l'égard de l'autre ?

- Je lis à haute voix les devinettes. Je cherche, avec les autres participants, la réponse à chacune d'elles. Je dois trouver à chaque fois au moins une personne précise.
- Je me place ensuite du point de vue de cette personne pour essayer d'imaginer comment elle ressent ma manière d'être à son égard.

1) Il (ou elle) est importante(e) pour moi. Je lui téléphone par plaisir, simplement pour prendre de ses nouvelles. Je le (ou la) soutiens dans les mauvais jours. Nos désaccords ne troublent pas notre bonne entente. Qui est-ce ?
2) Je prends contact avec lui (ou avec elle) quand j'ai besoin de lui (ou d'elle) pour une raison bien précise. Dans tous les autres moments, je ne pense pas à lui (ou à elle). Qui est-ce ?
3) Je sais qu'il (ou elle) existe, mais je ne le (ou la) vois pas, je n'y fais pas attention. Il (ou elle) ne m'intéresse absolument pas. Il (ou elle) est transparent(e) pour moi. Qui est-ce ?
4) Je me sens à la fois à l'aise, bien dans ma peau quand je suis avec lui (ou elle) et en même temps fragile, vulnérable. Je suis troublé(e) quand je suis avec lui (ou elle). Je pense beaucoup à lui (ou elle). Qui est-ce ?
5) Je ne le (ou la) connais pas, mais j'ai des idées sur lui (ou elle) ; et des idées négatives. Je suis sûr qu'il (ou elle) est sans intérêt, désagréable, prétentieux(se). Cela se voit sur son physique. Je n'ai pas envie de discuter avec lui (ou elle). Qui est-ce ?
6) Je ne peux pas le (ou la) supporter. Il vaut mieux que je m'éloigne quand je le (ou la) rencontre, sinon je peux lui dire des choses très désagréables. Qui est-ce ?

Comment ressent-il (elle) ma manière d'être à son égard ?

Tout public – Assez facile – 25 à 30 minutes – Préparation : se familiariser avec l'exercice

L'**exercice 16** participe au label « qualité de relation ». Il met en évidence les différentes manières d'être en relation avec l'autre dans la vie quotidienne. L'autre est identifié en fonction de ce qu'il représente pour soi.

4. Le code civil et le code junior sont édités chez Dalloz. Dans la version 2006 du code junior, les parties conseillées à la lecture se situent pages 93, 94 et 104 (chapitre 4 de la 2e partie consacrée à la famille).
5. *Recueil d'instruments et de processus d'évaluation formative*, Institut national de la recherche pédagogique, 1980.

Les réponses aux six devinettes ne sont pas toutes faciles à trouver, aussi les animateurs doivent-ils accompagner les jeunes en leur donnant des pistes concrètes, en lien avec des comportements, des conduites. La réponse à chaque devinette concerne précisément au moins une personne que le jeune doit identifier clairement.

Avant de passer à la devinette suivante, les participants répondent à la dernière question de l'exercice (« Comment cette personne ressent-elle ma manière d'être à son égard ? »). Cette question est difficile car elle fait appel à l'imagination. Elle nécessite de se décentrer de soi-même pour essayer de prendre en compte le point de vue ou le ressenti de l'autre. La compétence relationnelle ici approchée de manière ludique est l'**empathie**.

L'**empathie** est la capacité à se décentrer de soi pour se placer du point de vue de l'autre, d'essayer d'imaginer ce qu'il ressent.

La première devinette aborde la relation amicale, relation fondée essentiellement sur le plaisir d'être avec l'autre, de penser à lui. L'autre est ici le meilleur ami, le confident.

La deuxième devinette concerne la relation de besoin. L'autre n'existe pas comme autre, mais en fonction de la nécessité du moment. La relation est fondée sur la consommation, l'échange économique. L'autre est ici le boulanger, le médecin, etc.

La troisième devinette aborde la relation fondée sur l'indifférence. L'autre n'existe pas parce qu'on n'y fait pas attention. On ne le salue pas, ne lui parle pas… C'est souvent celui que l'on ne connaît pas. Il peut être un voisin, un élève de la classe…

La quatrième devinette concerne la relation affective, la relation amoureuse, celle qui fait du bien, dont on se réjouit, à laquelle on pense souvent ou sans cesse. L'autre est celui que l'on aime, l'amoureux.

La cinquième devinette approche la relation fondée non pas sur la connaissance de l'autre, mais sur les idées que l'on se fait de lui. L'autre est victime des stéréotypes, des clichés, des idées toutes faites, bien souvent négatives, qui circulent sur lui dans la société. Il est le marginal, le bouc émissaire.

La sixième devinette concerne la relation conflictuelle fondée sur l'opposition à l'autre, le désaccord, la difficulté à nouer une relation avec lui. Cette relation s'exprime de manière forte, voire violente. L'autre est ici celui sur lequel on porte un regard négatif, et avec lequel on n'arrive plus à communiquer en ce moment.

Cet exercice a aussi pour objectif de faire parler sur l'amitié, l'amour, l'indifférence, la consommation, le conflit… L'animateur peut induire ce type d'échange au fur et à mesure des devinettes à travers des questions ouvertes. Pour préciser ce que chacun ressent, les dessins et les mots de l'exercice 12 (p. 53) peuvent présenter une certaine utilité.

EXERCICE 17

Quelles sont mes manières de faire avec l'autre ?

Je lis chaque question. J'énonce ma réponse et j'en discute, au fur et à mesure, avec les autres participants.

• Puis-je lui dire tout ce que je pense de lui (ou d'elle) ?
• Puis-je me servir de lui (ou d'elle) comme d'un produit (mouchoir en papier, vêtement, etc.), que je jette quand il est usagé ?
• Un dîner entre amis a été organisé à la maison. Comment la maîtresse de maison se conduit-elle à l'égard de ses hôtes durant le repas ? De quelles manières fait-elle attention à chacun de ses convives ?
• Je ne l'ai jamais vu(e). Je ne le (ou la) connais pas et c'est la première fois que je le (ou la) rencontre, mais « on » m'a dit beaucoup de choses négatives sur lui (ou elle). Au premier regard, je sens qu'il (ou elle) me déplaît. Qu'est-ce que je fais, qu'est-ce que je dis ?
• Je suis invité(e) par un(e) ami(e) dans un milieu social et/ou culturel différent du mien. Je ne connais pas les usages, les habitudes des personnes qui m'invitent. Comment est-ce que je me conduis chez eux ?
• Je suis invité(e) dans un milieu social et/ou culturel différent du mien. Je ne connais pas les usages, les habitudes des personnes qui m'invitent. Je me rends à cette invitation avec mon groupe de copains ou de copines. Comment est-ce que je me conduis chez eux ?
• À l'égard des nouvelles personnes que je rencontre, est-ce que je suis plutôt :
– désireux(se), curieux(se) de les connaître ?
– inquiet(e), sur la défensive (j'ai un peu peur d'entrer en contact avec elles) ?
– indifférent(e) (je ne fais pas attention à elles) ?
– susceptible, « à fleur de peau » (je leur prête des intentions plutôt négatives) ?
– critique, moqueur(se) ?

Public lycéen – Difficile – 15 à 20 minutes – Sans préparation

L'**exercice 17** participe au label « qualité de relation ». Il s'appuie sur l'observation critique de soi-même et des autres dans le cadre de situations sociales. Il aborde des situations relationnelles de la vie quotidienne. Il pose des questions de savoir-vivre, d'us et coutumes, de manières de se conduire avec et parmi les autres. Les animateurs veillent à parler et à faire parler les jeunes en s'appuyant sur des exemples ou des expériences vécues.

L'objectif de l'**exercice 18** est d'attirer l'attention des jeunes sur les relations marquées par le don et la gratuité. Il ne peut être imposé, car il s'appuie sur le désir du jeune de donner à l'autre, sans en recevoir en retour une éventuelle gratification. La réalisation de cet exercice est valorisante et augmente l'estime de soi à travers des actions positives à l'égard d'autrui.

EXERCICE 18

Comment être attentif à l'autre ?

L'exercice ne se réalise pas durant l'atelier de parole. Il est proposé aux participants pour une réalisation ultérieure. Il peut être présenté comme « un devoir ou une activité à faire à la maison ».
Au cours d'une séquence, un animateur énonce la consigne suivante : « Vous allez choisir parmi vos proches une personne en particulier, à laquelle vous ferez attention durant la semaine, sans que cette personne s'en aperçoive. Il s'agit de prendre soin de cette personne, ou de vous en occuper, ou de vous mettre à son rythme de manière discrète, de façon à ce que cette attention soit le moins visible possible. Lorsque vous reviendrez, la semaine prochaine, pour une nouvelle séquence de l'atelier de parole, chacun de vous apportera son témoignage ou racontera ici comment il ou elle a fait attention à cette personne. »

Tout public – Assez difficile à réaliser – 1 semaine – Sans préparation

EXERCICE 19

Ce que je fais à l'autre, c'est aussi à moi que je le fais

L'animateur demande aux participants-jeunes de commenter successivement les deux affirmations suivantes :
1) Lorsque je fais du bien à quelqu'un (comme lui faire un cadeau, lui rendre service…), c'est aussi à une partie de moi que je fais du bien.
2) Lorsque je fais du mal à quelqu'un (comme le frapper, l'insulter, le voler, l'humilier…), c'est aussi à une partie de moi que je fais du mal.

Tout public – Difficile – 15 à 20 minutes – Préparation : se familiariser avec l'exercice et sa démonstration

Il est nécessaire d'illustrer chaque affirmation de l'**exercice 19** avec des exemples. Les jeunes sont souvent d'accord avec la première affirmation. Ils reconnaissent ressentir un certain plaisir à faire plaisir à quelqu'un qu'ils apprécient. Mais ils sont beaucoup plus réticents à exprimer leur accord à l'égard de la deuxième affirmation. L'animateur ne cherche pas à les convaincre du bien-fondé de l'affirmation. Il propose aux participants la démonstration suivante.

L'animateur dessine au tableau ou sur une feuille visible par tous plusieurs petits cercles qui représentent, dit-il, les personnes ici présentes (illustration p. 64). Il inscrit d'abord son propre prénom ou son nom dans l'un des cercles. Puis il inscrit, avec l'accord de chaque participant, le nom ou le prénom de chacun d'eux, dans chacun des cercles restants.

L'animateur prend ensuite un stylo d'une autre couleur. Il annonce qu'il va écrire le mot MOI au-dessus de son nom, car il considère la situation de son propre point de vue. Il poursuit en disant : « Pour MOI, tous ceux qui sont nommés dans les autres cercles sont des AUTRES. » L'animateur écrit alors le mot AUTRE au-dessous de tous les autres noms inscrits dans les autres cercles. Il précise : « Maintenant, chacun, à tour de rôle, va considérer la situation de son point de vue. Chacun devient ainsi MOI et les autres restent AUTRE. » L'animateur écrit le mot MOI, au-dessus du nom de la personne concernée à ce moment ou lui demande de l'écrire. L'animateur conclut : « Chaque cercle comprend donc, inscrits les uns sous les autres, les mots MOI – LE NOM – AUTRE. Ainsi chacun de nous est à la fois MOI et AUTRE. Aussi, lorsque je fais du bien à un AUTRE, c'est à l'AUTRE de MOI que je fais du bien ou, pour le dire autrement, lorsque je fais du bien à un AUTRE, c'est à la partie AUTRE qui est en MOI que je fais du bien. Et quand je fais du mal à un AUTRE, c'est à l'AUTRE de MOI que je fais du mal ou, pour le dire autrement, quand je fais du mal à un AUTRE c'est à la partie AUTRE qui est en MOI que je fais du mal. »

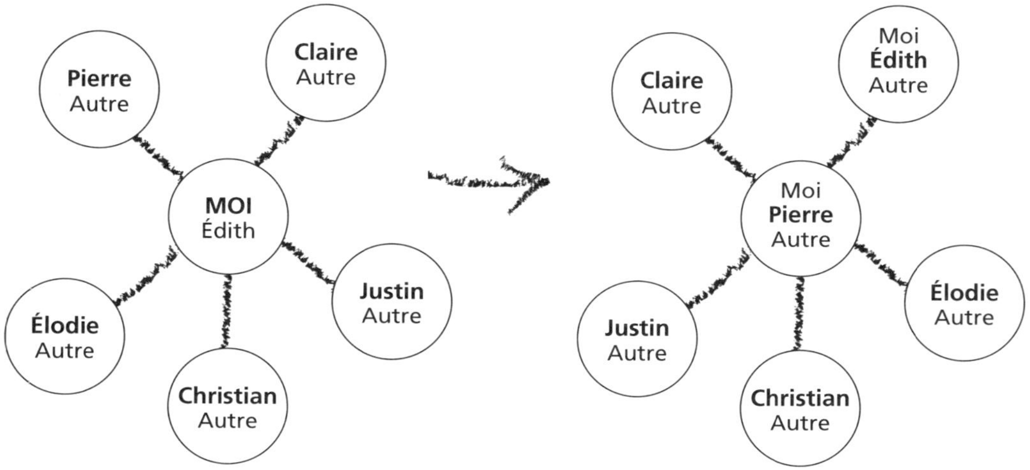

Cet exercice aborde la question des liens symboliques qui se construisent entre les individus ; liens nécessaires pour avoir le sentiment de faire partie de la même espèce. Ces liens, abstraits et non visibles, nous permettent de nous percevoir les uns par rapport aux autres. Cette perception prend toute sa dimension dans les locutions : « Je fais aux autres ce que je veux que l'on me fasse. Je ne fais pas aux autres ce que je ne veux pas que l'on me fasse. »

La difficulté présentée par certains adolescents à se reconnaître dans la deuxième affirmation (« Quand je fais du mal à l'autre, c'est aussi à moi que je fais du mal ») s'exprime par le refus (« Non, ce n'est pas vrai ! ») ou par l'incompréhension (« Je ne comprends pas ce que vous dites. »). Cette difficulté est sans doute à relier avec un certain sentiment de culpabilité. Certains de ces jeunes essayent parfois de démontrer, *a contrario*, les bénéfices économiques et psychiques qu'ils peuvent obtenir en volant autrui ou en le dominant.

EXERCICE 20

Faire avec l'autre, plutôt que sans l'autre ou contre l'autre

- Je regarde les trois séquences successives de l'histoire dessinée ci-dessous. Comment puis-je expliquer le comportement des deux ânes ?
- Je cherche la solution la plus satisfaisante pour qu'ils arrivent à se nourrir.

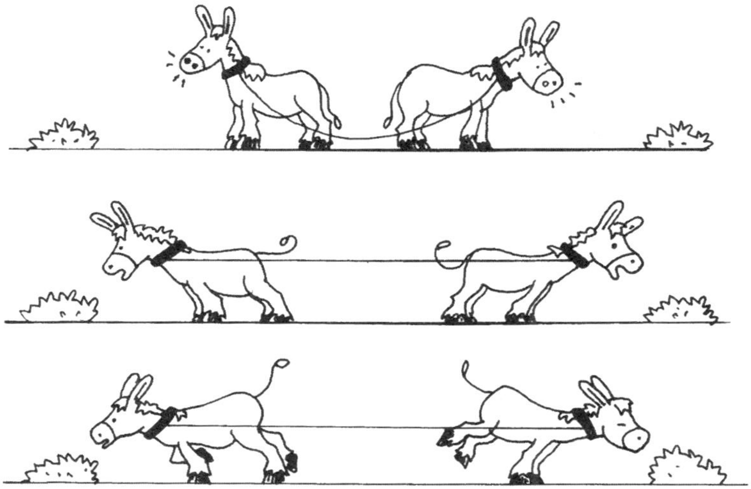

Tout public – Assez facile – 5 à 10 minutes – Préparation : se familiariser avec les notions de coopération et de négociation

L'**exercice 20** travaille le rapport à l'autre fondé sur la coopération, la solidarité, l'entraide. Il s'appuie sur l'affirmation « Je coopère donc je suis ». Il développe une représentation sociale positive des relations avec autrui. Celui-ci n'est pas un adversaire, une charge, un être obéissant ou inconsistant, mais un partenaire, un égal, un collaborateur, quelqu'un sur lequel on peut compter ou avec lequel on doit compter…

En distribuant et en présentant l'exercice aux jeunes, l'animateur peut susciter, chez certains d'entre eux, des réactions immédiates et brutales d'hostilité.

Exemple :

Amélie participe à un atelier de parole avec trois autres jeunes et deux animateurs. Elle a devant les yeux l'exercice qui présente les deux ânes. D'un geste brusque, elle prend la feuille et la balance devant elle sur la

table en disant : « Ça va pas. J'vais pas faire ça ! » Elle adopte une attitude renfrognée et se replie sur elle-même. L'animateur lui demande ce qui se passe. Elle répond : « On n'est pas des ânes ! »
L'animateur lui précise que cet exercice est utilisé dans les formations d'adultes à la gestion des conflits. Tandis que l'exercice se déroule avec les autres participants-jeunes, Amélie écoute et se calme.

Le comportement d'Amélie est à relier à ses représentations de l'âne, animal stupide à ses yeux. Sa réaction met en évidence l'image dévalorisée qu'elle a d'elle-même. Il est souhaitable de ne pas intervenir sur ce terrain, et de ne pas l'obliger à participer activement à l'exercice.

La situation présentée est le plus souvent rapidement comprise par les jeunes. Lorsque l'un d'entre eux propose la solution de coopération entre les deux ânes, l'animateur montre l'affiche[6] présentant l'histoire dans son ensemble.

L'exercice peut être suivi d'une discussion sur la coopération à partir des questions suivantes :
• Quels sont les mots qui vous viennent à l'esprit à propos de coopération, de coopérer ? (Faire avec l'autre, entraide, solidarité, travail en équipe, collaborer, s'accorder, partenaires, etc.)
• Quelles sont les activités de coopération que vous pratiquez dans votre vie quotidienne ? (Sports collectifs, organisation de fêtes, entraide scolaire, etc.).
• Quels sont les jeux coopératifs[7] que vous pratiquez ?
• Quelles sont les qualités, les compétences, les savoir-faire qui sont nécessaires pour arriver à coopérer avec quelqu'un ? (Positiver ou chercher des solutions satisfaisantes pour l'un et l'autre ; rechercher des solutions « gagnant-gagnant » ; avoir une vision positive de l'autre ; tenir compte en même temps du point de vue de l'autre et de son propre point de vue ; gérer ses émotions ; savoir exprimer ce qui ne convient pas ; communiquer, discuter, négocier, etc.).

6. Elle est diffusée par le centre « Non Violence Actualité » (références en page 182) et présentée en annexe, page 188.
7. Le centre de ressources « Non Violence Actualité » commercialise des jeux coopératifs qui permettent d'apprendre à jouer avec l'autre, plutôt que contre l'autre (www.nonviolence-actualité.org).

EXERCICE 21

Je coopère, donc je suis...

Je lis avec les autres participants le conte ci-dessous. J'exprime ensuite ce que je ressens à la lecture de ce conte russe.

Entre deux montagnes, un pont étroit.
Sur chaque montagne vit une chèvre.
Parfois, la chèvre de la montagne de l'Ouest traverse le pont pour aller brouter l'herbe de la montagne de l'Est.
Et parfois, la chèvre de la montagne de l'Est traverse le pont pour aller brouter l'herbe de la montagne de l'Ouest.
Un jour, les deux chèvres ont commencé à traverser le pont au même moment. Elles se sont rencontrées au milieu.
« Il y a un problème », a bêlé la chèvre de la montagne de l'Ouest.
« On dirait », a acquiescé la seconde.
« Moi, je ne veux pas reculer. »
« Moi non plus ! »
Puis timidement, elle a chevroté : « C'est vrai que le pont est étroit mais… peut-être que… »
« Peut-être que… si on fait très attention toutes les deux… » a ajouté l'autre.
« Nous pourrions peut-être traverser toutes les deux ? Sans tomber ! »

Elles se sont mises d'accord. Elles vont essayer.
Avec grande précaution, lentement, en se faisant toutes petites, elles ont avancé…
Puis en faisant très attention de ne pas bousculer l'autre, doucement… elles se sont croisées.
Voilà, elles ont traversé toutes les deux.

Tranquillement, elles sont allées brouter l'herbe sur la montagne de l'autre.

Et on a pu entendre chacune murmurer : « Qu'est-ce qu'elle est gentille celle-là ! »

Tout public – Assez facile – 15 à 20 minutes – Sans préparation

Le texte[8] proposé dans l'**exercice 21** suscite des réactions, des commentaires, des appréciations de la part des jeunes. L'attention des uns et des autres peut être orientée par l'animateur sur les stratégies, les manières utilisées par les deux chèvres pour réussir leur délicat croisement sur le pont.

L'exercice peut s'achever par la recherche d'un slogan commun sur la coopération : Je coopère donc je suis. Coopérer, ça enrichit la vie. L'union fait la force, etc.

8. Texte d'un auteur inconnu, extrait du recueil *Choisir la paix* de M. Read MacDonald (voir bibliographie, p. 182).

EXERCICE 22

Chacun est l'étranger d'un autre

Je lis le texte ci-dessous. J'exprime ce que je ressens. J'en discute avec les autres.

Ton Christ est juif.
Ton scooter est japonais.
Ta pizza est italienne et ton couscous algérien.
Ta démocratie est grecque.
Ton café est brésilien.
Ta montre est suisse.
Ta chemise est hawaiienne.
Ton baladeur est coréen.
Tes vacances sont turques, tunisiennes ou marocaines.
Tes chiffres sont arabes.
Ton écriture est latine.

Et… tu reproches à ton voisin d'être un étranger !

Tout public – Facile – 10 à 15 minutes – Préparation nécessaire si l'animateur souhaite proposer d'autres textes de discussion aux jeunes

En général, les jeunes manifestent rapidement leur accord avec le texte présenté dans l'**exercice 22**. Ils sont sensibles à la phrase humoristique qui le conclut. Lorsque la discussion sur le texte est épuisée, l'animateur peut proposer de rechercher ensemble des réponses de type humoristique face aux actes les moins graves d'intolérance, de racisme, de xénophobie qui se produisent dans la vie quotidienne comme par exemple :
– être regardé, de manière soutenue, avec mépris par une personne âgée ;
– dans la file d'attente d'une caisse de la grande surface commerciale, entendre la personne qui est juste à côté de soi marmonner : « Ah les jeunes [ou les Arabes, ou les Juifs], je ne peux pas les supporter ! » ;
– se voir refuser, par un vendeur, l'entrée d'une boutique sous prétexte qu'il y a trop de monde dedans, alors que des personnes d'un âge respectable continuent à y entrer.

L'animateur peut préparer divers extraits de textes pour faire réfléchir et discuter les participants-jeunes entre eux sur le respect de l'autre (l'étranger), la tolérance, les droits de l'homme[9], les actes de discrimination[10], etc.

9. La Déclaration universelle des droits de l'homme de 1948.
10. Code junior, 4e partie, chapitre 4 : responsabilité civile et pénale du mineur – la discrimination, les actes de racisme et les actes homophobes, pages 459 à 461 (éditions Dalloz).

L'**exercice 23** a pour fonction de faire réfléchir chaque participant-jeune sur le rôle psychologique du groupe à son égard, sans pour autant lui demander d'accomplir cette réflexion ici et maintenant. Certains sont assez mal à l'aise lorsqu'ils lisent ces affirmations : elles les renvoient à un mode de fonctionnement personnel, qu'ils perçoivent sans doute comme excessif, mais qu'ils ne veulent pas, pour le moment, juger.

Pour ne pas augmenter les réactions d'hostilité, il est souhaitable de les encourager à exprimer leur position par rapport à chaque affirmation : « Je suis plutôt d'accord ou plutôt pas d'accord avec cette affirmation » ou : « Cette affirmation est plutôt vraie ou plutôt fausse pour moi » ou : « Je n'ai pas d'opinion ».

23 EXERCICE

Dans mon groupe de jeunes, qu'est-ce que je ressens, qu'est-ce que je fais ?

Je prends connaissance des affirmations suivantes. Chacune de ces affirmations est-elle plutôt vraie ou plutôt fausse pour moi ? J'explique mon choix.

Dans mon groupe :

Je me sens bien.
Parmi les autres, je me sens seul(e).
Je n'ai rien envie de faire.
Je me sens en sécurité, protégé(e).
Je me sens agressif(ve).
J'ai envie de m'opposer aux adultes.
J'ai envie d'embêter les jeunes qui ne font pas partie de mon groupe.
J'ai envie de faire des choses que je ne fais pas d'habitude.
Je ne m'ennuie pas.
Je fais comme mes copains, je ne veux pas me démarquer du groupe.
Je suis content(e) d'avoir trouvé des personnes qui me ressemblent.
Je me sens très à l'aise.
Je ne fais pas attention à ce qui se passe en dehors du groupe.
Tous ceux qui ne font pas partie de mon groupe sont des nuls !

Tout public – Facile – 10 à 15 minutes – Sans préparation

Les animateurs doivent se familiariser avec les différentes manières d'animer un groupe pour présenter l'exercice suivant aux jeunes afin de discuter avec eux des effets, de l'intérêt et des inconvénients de tel ou tel type de fonctionnement de groupe.

24 EXERCICE

Comment les groupes fonctionnent-ils ?

Je regarde les schémas ci-dessous qui présentent trois manières de fonctionner des groupes. Je prends connaissance de chaque schéma. J'en discute avec les autres participants pour bien comprendre chaque mode de fonctionnement.

1) Le mode de fonctionnement est hiérarchique et vertical ; il s'appuie sur le rapport de pouvoir exercé par le supérieur hiérarchique (le chef, le leader…) sur les personnes qui sont sous ses ordres ou qui se mettent sous ses ordres.

a) La communication entre les membres se fait suivant le principe du « réseau en étoile ». Tous les messages (informations, décisions, ordres…) passent par le chef qui peut ainsi exercer un filtrage et un contrôle. Le chef prend les décisions, sans consulter les personnes qui sont sous ses ordres. Il distribue ensuite les ordres.

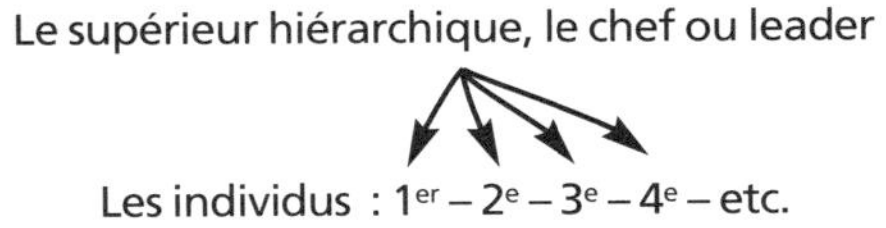

b) La communication entre les membres se fait suivant le principe du « réseau multicanal ». L'information et les décisions peuvent être discutées entre le chef et les membres du groupe. Le chef prend ensuite les décisions.

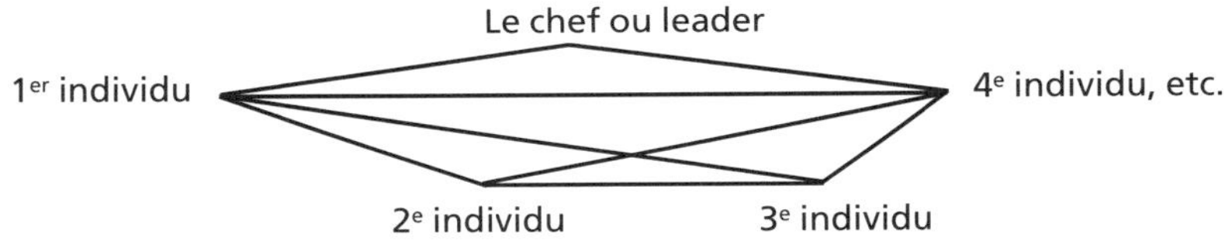

2) Le mode de fonctionnement est collégial et horizontal ; il s'appuie sur le partage des tâches, des responsabilités, des décisions. Les relations entre les membres sont égalitaires.

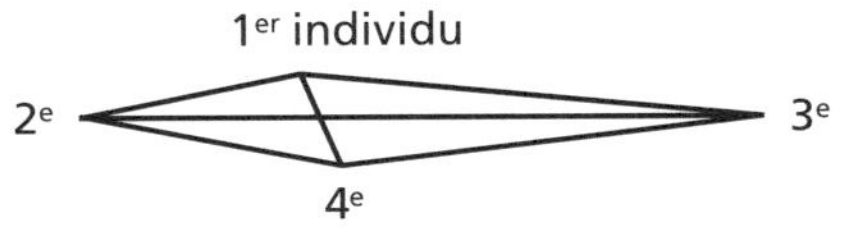

• Je réponds maintenant aux questions suivantes, après en avoir discuté avec les autres membres du groupe.
Quel est le meilleur mode de fonctionnement pour :
– un groupe de copains qui organise une soirée ?
– le groupe classe quand il prépare un débat sur un sujet précis ?
– une équipe de football avant de disputer un match ?
– le service de communication d'une entreprise commerciale qui prépare un salon ?
– une équipe de chercheurs d'un laboratoire de recherche médicale ?

• Je réponds à la question : quel est le mode de fonctionnement du groupe professionnel dans lequel j'aimerais travailler un jour ?

Public lycéen – Difficile – 20 à 25 minutes – Préparation : se familiariser avec les notions utilisées

L'**exercice 25** est très utile pour faire prendre conscience à chaque jeune que l'appartenance à un groupe ne détruit pas son individualité. Les points communs (ou dénominateurs communs) recensés vont constituer le point de départ de ce qui sera « l'esprit du groupe » ou « le sentiment d'appartenance à un groupe ».

25 EXERCICE

Participer à un groupe tout en restant soi-même

1) Je cherche, avec les autres participants au groupe, les ressemblances entre nous. Qu'avons-nous en commun, ici et maintenant ? Quels sont nos goûts (alimentaires, vestimentaires...), loisirs, projets, intérêts, qualités communs ? Les aspects communs constitueront le NOUS.

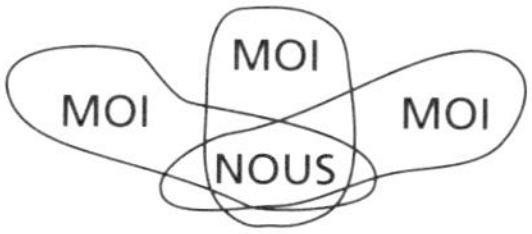

2) Pourquoi suis-je dans ce groupe ? Quels sont les mots importants pour moi, dans ce groupe, en lien avec la vie de ce groupe ?
Je cherche des mots ou expressions qui paraissent importants pour moi. Je les mets en commun avec les autres participants.
Nous rendons visibles les mots communs entre nous en en constituant la liste et, si possible, en les classant en différentes catégories.

3) J'identifie les raisons d'être du groupe.
J'énonce ce que je pense être les buts ou les objectifs du groupe. Chaque membre du groupe fait de même.
Nous rendons visibles les buts ou les objectifs communs entre nous en constituant une liste.
Nous essayons de faire ensemble un travail d'accordage, par la discussion, en vue de réduire les divergences et de trouver un consensus.

4) J'identifie les usages et les règles indispensables pour vivre dans ce groupe. Chaque membre du groupe fait de même.
Nous cherchons à nous mettre d'accord sur ces usages et ces règles.

Public lycéen – Difficile – 20 à 25 minutes – Préparation : se familiariser avec les notions utilisées

Les exercices contenus dans ce chapitre ont pour fonction de faire parler ensemble les participants et de « travailler » les représentations que chacun a de l'autre, d'autrui, des autres, des groupes. L'atelier de parole peut les faire réfléchir s'il est un lieu d'échange et de mise en commun de ces représentations et non un lieu de confrontation ou d'opposition.

Transmettre des compétences relationnelles et sociales

partie
2

chapitre 4

Apprendre à connaître ses ressources, ses capacités et ses limites

Exercices 26 à 38 :

chapitre 5

Apprendre les compétences nécessaires pour vivre avec et parmi les autres

Exercices 39 à 59 :

chapitre 6

Développer le sens de la responsabilité et apprendre à mettre les lois et les règles en pratique

Exercices 60 à 80 :

chapitre 7

Apprendre la posture d'élève

Exercices 81 à 91 :

chapitre 8

Échanger sur des thèmes particuliers

Exercices 92 à 100 :

chapitre 4

Apprendre à connaître ses ressources, ses capacités et ses limites

Chacun – enfant, adolescent, adulte – est riche d'un potentiel qui se décompose en différentes capacités. Mais il n'a pas toujours conscience de cette richesse intérieure ni de sa participation, plus ou moins active, au développement de ce potentiel ou, au contraire, à son involution partielle ou complète.

Les capacités se développent au fur et à mesure de la croissance de l'enfant. Elles évoluent à des rythmes variables, en interaction avec l'environnement dans lequel baigne l'enfant. Ainsi les dons, compétences, aptitudes peuvent croître et s'enrichir grâce à un milieu familial et social stimulant ; ou au contraire s'étioler, voire disparaître, à cause d'un environnement familial et social particulièrement inhibant.

La culture dans laquelle nous baignons et le milieu scolaire participent à cette hiérarchisation de nos différentes capacités, en valorisant les unes et en dévalorisant les autres. Enfin, le désir personnel participe à l'évolution ou à l'involution de ces capacités. Il apprécie ou déprécie la capacité en fonction de la valeur qu'il lui accorde. Le désir conduit chacun à privilégier et à développer certaines de ses capacités parmi toutes celles dont il dispose.

Ainsi, le potentiel individuel est composé de capacités physiques et motrices, sensorielles, intellectuelles, relationnelles qui se développent de manière très différente chez chacun d'entre nous et sont utilisées de façon variable d'une personne à l'autre.

Dans la tradition psychologique, c'est le concept d'intelligence qui va recouvrir l'ensemble de ces ressources ou capacités. L'intelligence est la capacité de s'adapter aux situations nouvelles en tenant compte de l'ensemble des variables attachées à chaque situation. L'intelligence pioche dans le potentiel ou dans les ressources individuelles pour réaliser une adaptation satisfaisante. Elle permet de changer de posture ou de position, de modifier ses manières de faire, de se réajuster physiquement et/ou mentalement pour atteindre l'état dans lequel on se sent en équilibre avec son environnement.

Connaître ses ressources et ses capacités ainsi que les processus qui participent à la mise en œuvre de celles-ci donne à l'individu une vision plus globale de lui-même à travers les réussites et les difficultés qu'il rencontre. Il observe ses manières de faire et les développe : il répète, multiplie les essais successifs, modifie les méthodes et les procédures en vue d'améliorer ses résultats. Les satisfactions ainsi ressenties lui permettent de repérer ses limites, ses difficultés, ses fragilités, sans trop se dévaloriser. Il ne s'expose pas brutalement et sans préparation à des erreurs ou à des échecs. Il se prépare à ces situations productrices de difficultés. Il peut développer des stratégies pour compenser ou contourner ces difficultés. Il peut aussi éviter de « s'embarquer » dans ces situations en réajustant ou en adaptant ses exigences, ses choix, ses orientations à ses réelles capacités. Il adopte ainsi une attitude active face à ses difficultés. Il ne les subit pas ni ne les fuit.

Les exercices proposés dans ce chapitre ont pour objectif de faire réfléchir les adolescents, sans les soumettre à l'épreuve de la réussite ou de l'échec, sur leurs capacités mentales et les manières de les solliciter et de les utiliser. Cette réflexion générale sur l'intelligence, les manières d'apprendre et de mémoriser est précédée par une réflexion commune sur l'appréciation de soi et la confiance en soi.

Tout au long de ces exercices, il est souhaitable que les échanges se fassent paisiblement, dans un cadre bienveillant et rassurant. Car pour pouvoir parler et s'exposer devant les autres sur ses capacités, ses ressources et ses limites, il est nécessaire de se sentir en sécurité, écouté et accepté tel que l'on est.

26 EXERCICE

L'assurance et l'équilibre sont des mots importants

Je regarde attentivement l'image ci-dessous. Je lis chaque question. J'y réponds oralement en discutant les réponses avec les autres membres du groupe.

- Quelles sont les réactions qui me viennent spontanément à l'esprit en regardant l'image ?
- Avoir de l'assurance, être sûr de soi, qu'est-ce que ces mots évoquent en moi ? Avoir de l'équilibre, être équilibré, qu'est-ce que ces expressions signifient pour moi ?
- Si je voulais devenir comme le funambule, que devrais-je faire sur le plan physique et mental : quels apprentissages, quelles qualités personnelles, quelles convictions, quels savoir-faire ou quelles compétences devrais-je développer ?

Tout public – Facile – 10 minutes – Sans préparation

L'image et les mots proposés dans l'**exercice 26** ont pour fonction de faire réagir et parler sur les apprentissages et sur les attitudes mentales et physiques nécessaires pour réussir une tâche. L'exercice doit permettre une mise en commun des représentations de chacun concernant : effort, travail, patience, temps, répétition, contrôle de soi, maîtrise de ses gestes, etc.

Un minimum de confiance en soi est nécessaire pour faire face à des situations nouvelles, nécessitant une certaine adaptation. Lorsque l'enfant a confiance et possède une bonne estime de lui-même, il accepte facilement de prendre le risque d'une erreur ou d'un échec car cette difficulté ne produit pas en lui une dévalorisation excessive.

EXERCICE 27

J'ai confiance...

Je lis chaque question. J'exprime ma réponse et j'en discute avec les participants de l'atelier de parole.

- À quels mots me fait penser l'expression « J'ai confiance... » ?
- J'ai confiance en qui ?
Je suis en confiance, je me sens en confiance avec quelles personnes ?
- J'ai confiance en quoi ?
Dans quelles situations, dans quels lieux, je me sens en confiance ?
- Dans quelles circonstances, à quels moments est-ce que j'ai confiance en moi ? Lorsque j'ai confiance en moi, comment est-ce que je le sais, comment est-ce que je le vois ?
- Dans quelles situations certaines personnes ont-elles confiance en moi ?
- À l'inverse, à quels moments et avec qui est-ce que je manque de confiance en moi ?
- De quoi ai-je peur dans la vie quotidienne ?
J'identifie des situations précises : *J'ai peur de...*
- Dans quelles circonstances suis-je anxieux, stressé ou angoissé ? Je cherche les définitions de ces mots et les situations correspondantes.

Tout public – Assez facile – 15 à 20 minutes – Préparation : se familiariser avec les notions proposées

L'**anxiété** est un sentiment pénible associé à une attitude d'attente d'un événement ressenti comme désagréable.

Le **stress** est un état de tension interne qui se présente sous diverses formes : excitation, énervement, fatigue, etc.

L'**angoisse** est de l'anxiété à laquelle s'ajoute un ou des symptômes psychosomatiques (de type viscéral, cardiovasculaire, dermatologique, etc.).

L'**exercice 27** a pour objectif de faire émerger des paroles, un ressenti émotionnel et une réflexion sur la confiance en soi. Les animateurs peuvent introduire, au cours de la discussion, différents mots et expressions : avoir confiance en quelqu'un, être en confiance avec quelqu'un, avoir de l'assurance, être assuré, être convaincu, être certain, s'affirmer, avoir des certitudes... Ils aident aussi les jeunes à mettre des mots sur l'**anxiété**, le **stress** et l'**angoisse**.

L'**exercice 28** a pour but de faire réfléchir et discuter les adolescents sur les deux processus en œuvre dans l'intelligence – l'assimilation et l'accommodation – et de percevoir, à travers des situations concrètes, les conséquences négatives et positives de l'utilisation de chacun d'eux. L'assimilation est un processus simple, archaïque, infantile et peu élaboré qui est largement utilisé dans les premiers moments de la vie humaine. L'accommodation est un processus complexe de synthèse qui met en œuvre des compétences utilisées dans le cadre relationnel : gestion de conflit entre des positions contraires, recherche d'un consensus, négociation, etc.

28 EXERCICE

L'intelligence, qu'est-ce que c'est ?

• Je prends connaissance du texte suivant :

L'intelligence est la capacité de s'adapter à des situations en tenant compte de l'ensemble des informations attachées à chaque situation. Cette adaptation mobilise deux formes d'intelligence ou deux compétences différentes et complémentaires :

1. **L'assimilation**, synonyme d'appropriation. En biologie, cette compétence se nomme digestion. L'assimilation prend ce qui provient de l'extérieur et le transforme. Cette forme d'intelligence consiste à changer, à modifier ce qui provient de l'extérieur. Ainsi c'est le monde extérieur qui s'adapte à soi.
2. **L'accommodation**, terme emprunté à la physiologie (comme l'accommodation visuelle). Ici c'est la personne, dans sa structure, ses manières d'agir et de penser, qui change en fonction des exigences extérieures.

Avec l'assimilation, l'individu oblige le monde extérieur à changer, à s'adapter à lui, sans se modifier lui-même.
Avec l'accommodation, l'individu devient capable de changer de position, de manière de penser, de posture pour s'adapter à la situation présente. Il fait preuve de flexibilité ou de souplesse mentale. Pour s'adapter ou se modifier lui-même, il utilise ses capacités d'observation, d'attention, d'analyse, de synthèse, de réflexion.

• Je discute avec les autres participants et les animateurs pour m'approprier les notions présentées dans le texte.
• J'utilise les connaissances contenues dans le texte pour trouver les réponses aux situations proposées ci-dessous : je réfléchis à la forme d'intelligence utilisée par les personnes présentées et aux conséquences de leurs comportements sur eux-mêmes et sur les autres.

1re situation : une grande ville à une heure de forte affluence. Un rond-point sur lequel débouchent cinq avenues. Des rues chargées en automobiles, motos, bus et piétons. Un automobiliste, au volant d'une voiture puissante entre sur le rond-point à vive allure, force le passage, refuse des priorités, slalome entre les véhicules et les passants. Il traverse le rond-point en obligeant des piétons à se jeter en arrière pour l'éviter, des automobilistes et des motocyclistes à s'arrêter brusquement pour le laisser passer. Quelle forme d'intelligence cet automobiliste utilise-t-il ?

2e situation : une vieille dame, à pied, veut traverser une large avenue, très passante et très encombrée. Elle cherche un passage piéton, se glisse précautionneusement entre les véhicules garés le long du trottoir pour atteindre la chaussée, regarde à gauche, à droite, la couleur des feux tricolores, avant de se risquer à traverser l'avenue. Quelle forme d'intelligence cette vieille dame utilise-t-elle ?

3e situation : sur son vélo, un enfant de 8 ans pédale sur le trottoir de droite d'une rue dans le sens de la circulation. Tout à coup et sans regarder par-dessus son épaule, il fait irruption au milieu de la rue. Il n'entend pas le freinage brutal du véhicule situé derrière lui. Quelle forme d'intelligence cet enfant utilise-t-il ?

Tout public – Assez difficile – 20 à 25 minutes – Préparation : se familiariser préalablement avec les notions présentées

29 EXERCICE

L'intelligence, c'est changer de regard, de posture mentale

Je regarde le premier dessin et j'essaie d'entrevoir les deux images différentes qu'il représente. Lorsque j'ai repéré les deux images, je fixe des yeux le dessin, pour passer successivement de l'une à l'autre image et inversement.
J'essaie de faire cet exercice plusieurs fois de suite.
Je passe ensuite au dessin suivant...

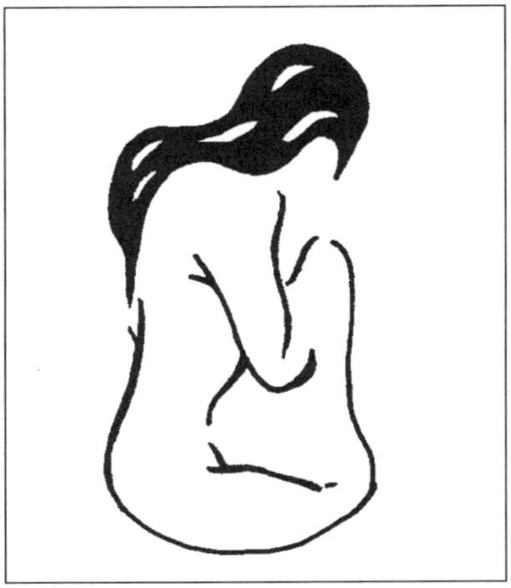

Lorsque je passe de l'une à l'autre image du dessin, je change de posture mentale. J'expérimente ainsi ce que représente l'intelligence.

Tout public – Facile (ludique) – 10 minutes – Préparation nécessaire : se familiariser avec les notions utilisées

L'**exercice 29** ne doit pas être utilisé sous l'angle de la réussite (« Je vois les deux images, j'ai réussi tout de suite ») ou de l'erreur (« Je n'arrive pas à voir la deuxième image, je ne suis pas doué »). En prenant le temps nécessaire à chacun, il s'agit de permettre aux adolescents de ressentir ou de repérer intérieurement le changement de posture visuelle, le passage d'une image à l'autre. Ce passage est rendu possible lorsque l'on change de point de vue, de points de repères. L'essentiel de l'exercice repose sur cette capacité à regarder les dessins[1] sous des angles différents. Cette expérience permet d'approcher la forme la plus élaborée de l'intelligence : l'accommodation. Ce processus permet, dans une situation donnée, de changer de posture mentale, de se déplacer, de se déloger de son positionnement pour prendre une autre position, en tenant compte de l'ensemble des variables et des informations contenues dans la situation.

L'**exercice 30**, présenté p. 84, a pour fonction de rassurer les adolescents sur leurs capacités mentales, car ils vont découvrir qu'elles sont beaucoup plus vastes qu'ils ne l'imaginaient. Il est souhaitable, au fur et à mesure de l'exercice, d'encourager chacun à donner des exemples pour illustrer ces différentes formes d'intelligence et à expliquer ses deux premiers choix.

L'**exercice 31** (page 85) n'est pas un test psychométrique, mais un support jeu pour une réflexion à partager avec les autres membres du groupe sur la prépondérance d'un de ses cinq sens[2] dans ses processus d'apprentissage.

Il ne s'agit pas de prendre au pied de la lettre les réponses du jeu, mais de laisser chacun réagir et de mettre en débat les différentes réponses. On peut ensuite proposer aux lycéens d'expliquer leurs choix.

Si le choix se porte sur :
– la 1re résidence ou hôtel cité : les sensations corporelles et kinesthésiques occupent une place importante dans les processus de pensée et d'apprentissage ;

1. Dessins empruntés à l'association Génération Médiateurs (voir bibliographie, p. 182).

– la 2e résidence citée : importance de la vue ou des sensations visuelles dans les processus de pensée et d'apprentissage ;
– la 3e résidence citée : importance de l'audition ou des sensations auditives dans les processus de pensée et d'apprentissage ;
– la 4e résidence citée : importance du goût ou des sensations gustatives dans les processus de pensée et d'apprentissage.

EXERCICE 30

Quelles sont mes différentes formes d'intelligence ?

• Je prends connaissance, avec les autres membres du groupe, de chaque paragraphe du texte suivant :

Le psychologue américain Howard Gardner a mis en évidence sept formes différentes d'intelligence dont dispose, de manière variable, chaque individu.
L'intelligence verbale concerne la compétence à communiquer par la parole ou par l'écrit, à l'aide de symboles ou de mots organisés ensemble suivant les règles de la syntaxe ou de la grammaire.
L'intelligence logico-mathématique désigne la capacité à résoudre des problèmes à partir de l'observation et de la déduction.
L'intelligence spatiale permet de s'orienter, de reconnaître des personnes ou des lieux et de visualiser un objet sous des angles différents.
L'intelligence musicale permet d'être sensible à certaines sonorités et de combiner avec aisance des éléments sonores.
L'intelligence corporelle et kinesthésique concerne la capacité à contrôler les gestes et à accomplir des mouvements volontaires qui ne relèvent ni d'un réflexe, ni d'un automatisme.
L'intelligence interpersonnelle repose sur la compétence intuitive à percevoir les projets et les désirs de l'autre, à prendre en compte son point de vue. Elle se traduit par le désir de participer à des projets collectifs et l'envie de coopérer. Elle a pour corollaire le besoin d'une cohésion et d'une organisation du groupe.
L'intelligence intrapersonnelle repose sur la conscience d'être au monde, de ressentir des émotions, sentiments, pensées, d'être capable de les différencier, de les identifier, de les exprimer et d'en tirer des ressources pour agir sur ses comportements.

• Je discute avec les autres participants et les animateurs pour m'approprier les notions présentées dans le texte.
• J'ordonne et je classe les sept formes d'intelligence de 1 à 7 en fonction de l'importance que je leur accorde dans ma propre existence. Je commence par l'intelligence qui a le plus de valeur à mes yeux.

Public lycéen – Assez difficile – 20 minutes – Préparation : se familiariser avec les notions présentées pour les expliquer aux adolescents

2. Plusieurs éléments de cet exercice sont empruntés à Diana Beaver dans son ouvrage intitulé *À chacun sa manière d'apprendre*, publié chez InterEditions (1999).

31 EXERCICE

Avec quels sens est-ce que je pense ?

La vue, l'audition, le goût, le toucher, la motricité jouent un rôle important dans ma vie. Mais je ne m'appuie pas à tout instant sur tous ces sens en même temps. En fonction de ce que je fais, je sollicite plutôt tel ou tel sens.
Il semblerait pourtant que je privilégie l'un d'entre eux, car je l'utilise plus fréquemment que les autres pour penser et pour apprendre.
Est-ce que le sens le plus important pour moi, dans ma vie quotidienne est plutôt la vue, l'audition, le goût, le toucher, la motricité ?
Pour le savoir, je réponds à l'exercice suivant :

J'ai gagné un voyage gratuit et je peux en choisir le lieu. Parmi les quatre propositions suivantes, quelle est celle que je choisis sans hésiter ?
– Une résidence ou un hôtel doté de tout le confort imaginable, moquettes moelleuses et chambres confortables, nombreux équipements sportifs, couverts et de plein air, salles de gymnastique, de massage et de sauna, multiples possibilités pour pratiquer les activités physiques et sportives de son choix.
– Une résidence ou un hôtel situé dans un cadre de verdure magnifique, dont la décoration impeccable vient d'être refaite, avec un jardin paysager et une vue splendide. Des copies de peintures et de sculptures célèbres sont exposées dans les parties communes de l'hôtel. Chaque chambre est équipée d'un téléviseur couleur et d'un lecteur de DVD.
– Une résidence ou un hôtel dans un environnement calme, loin du vacarme de la vie quotidienne. Le réveil matinal se fait aux chants des oiseaux et au bruissement d'une fontaine dans la cour.
– Un hôtel réputé pour la qualité de sa cuisine qui propose des séjours gastronomiques : tout est produit sur place pour élaborer les plats les plus exquis qui soient.

- Si j'hésite, et pour m'aider à faire mon choix, je me demande si j'arrive à me représenter l'un de ces hôtels avec des images, des sons, des odeurs ou des sensations corporelles…
- J'ordonne mes réponses de 1 à 4. J'en discute avec les autres membres du groupe.

Tout public – Assez facile (ludique) – 15 minutes – Préparation : se familiariser avec les notions présentées

32 EXERCICE

J'apprends avec mes sens[3]

Je lis chaque série de questions et y réponds aussitôt en partageant les réponses avec les membres du groupe.

1) Est-ce que j'apprends avec mes yeux ?
Quelle est la couleur de la porte d'entrée de ma maison, ou de mon appartement ?
Quel vêtement portait mon ou ma meilleur(e) ami(e) la dernière fois que je l'ai vu(e) ?
Quelle est la forme de la France ? Je la dessine mentalement.
Est-ce que je peux me souvenir et voir mentalement un beau coucher de soleil ?
Je décris l'endroit où je vis, de l'extérieur. Je n'oublie pas d'indiquer les couleurs.
Est-ce que je vois ce que je décris ?

2) Est-ce j'apprends avec mes oreilles ?
À quoi ressemble le son d'une sirène de police ?
À quoi ressemble le son de la sonnerie de mon réveil ?
Est-ce que je peux me souvenir et entendre le bruit des vagues s'écrasant sur des rochers ?
J'évoque le bruit d'une pluie violente.
Je me souviens de la dernière conversation que j'ai eue au téléphone.
Je décris la voix de la personne la plus importante pour moi.
Est-ce que j'entends ce que je décris ?
Est-ce que j'arrive à décrire ce que j'entends ?

3) Est-ce que j'apprends avec mon corps ?
Je me souviens des sensations que j'ai ressenties quand :
- j'ai fait de la balançoire,
- j'ai pris un bain ou une douche,
- j'ai reçu un coup, intentionnel ou non intentionnel,
- j'ai trop mangé ou trop bu ou trop fumé.

Est-ce que je peux décrire ce que je ressens physiquement ?

4) Est-ce que j'apprends avec mon nez ?
Je me souviens de l'odeur d'un fromage, qui est resté au réfrigérateur depuis quelques jours.
J'évoque l'odeur d'une fleur, d'un arbre à fleurs : rose, mimosa…
Je me souviens de l'odeur de la terre, en forêt, au printemps après une forte pluie.
J'évoque une odeur captée dans la ville dans laquelle je vis.
Est-ce que je peux décrire ce que je sens avec l'odorat ?

5) Est-ce que j'apprends avec le toucher ?
Je me souviens d'une matière rugueuse au toucher.
J'évoque les sensations ressenties, sous les doigts, lorsque je me lave les cheveux.
Je me souviens des sensations ressenties lorsque je touche un tissu très doux.
Est-ce que je peux décrire ces sensations tactiles?

3. Plusieurs éléments de cet exercice sont empruntés à Diana Beaver, *op. cit.*

EXERCICE 32

6) Est-ce que j'apprends avec la bouche ?
Je me souviens du goût du dernier gâteau que j'ai mangé.
Le goût le plus agréable pour moi est : ....
Le goût le plus désagréable pour moi est : ....
Est-ce que je peux décrire ces sensations gustatives ?

Quelles sont les sensations dont j'arrive le plus facilement à me souvenir ?
Quelles sont les sensations que j'arrive le plus facilement à décrire avec des mots ?
Quelles sont les sensations qui sont les plus difficiles à évoquer ?

Tout public – Assez facile (ludique) – 15 à 20 minutes – Sans préparation

L'**exercice 32** amuse car il est inattendu. Les adolescents y participent volontiers au début. Cependant l'exercice devient difficile dès le 3e groupe de question. Les participants ont souvent du mal à transposer les sensations auditives, corporelles, olfactives, tactiles, gustatives dans le registre verbal. Ils manquent de vocabulaire. Ils n'ont pas l'habitude d'exprimer ces sensations avec des mots. L'exercice ravive des souvenirs et permet des échanges verbaux autour des situations dont chacun se souvient.

Cet exercice développe de nombreuses compétences mentales : la concentration, la mémoire d'évocation, la transposition ou le déplacement d'un ressenti intérieur vers l'évocation verbale. Il permet à chacun de prendre conscience de ses facilités et de ses limites dans le champ de l'expression sensorielle sous la forme : « Je suis plutôt visuel et auditif et pas du tout corporel. » Cet exercice peut confirmer ou infirmer l'exercice 31.

L'**exercice 33** a pour objectif d'aider les adolescents à identifier leurs points faibles à l'égard des apprentissages en dehors de toute situation d'apprentissage. La verbalisation de ses points faibles, ainsi que l'écoute des points faibles des autres participants, peut rassurer l'adolescent et lui permettre de réfléchir sans culpabilité sur les causes de ses difficultés.

Les animateurs prennent soin, au cours de l'exercice, de rester dans un cadre général et de ne pas questionner en particulier un jeune qui vient de s'exprimer sur ses difficultés à apprendre.

33 EXERCICE

Je n'apprends pas, j'apprends...

Je lis avec les autres membres du groupe chaque question et j'y réponds aussitôt en cochant les réponses qui me paraissent les plus adaptées à ma situation. Lorsque j'ai trouvé plusieurs réponses, je les classe par ordre d'importance. J'énonce et j'explique ensuite mes réponses aux autres.

1) Qu'est-ce que je n'apprends pas ?
Est-ce que je me retrouve dans certaines des affirmations suivantes ?
Je n'apprends pas :
- ce qui ne me sert à rien ;
- ce que je juge inintéressant ;
- les choses qui me déplaisent ;
- ce qui me paraît difficile ;
- ce qui m'est imposé.

Autre réponse : ....

2) Pourquoi est-ce que je n'apprends pas ?
Est-ce que je me retrouve dans certaines des affirmations suivantes ?
Je n'apprends pas parce que :
- quelqu'un me met mal à l'aise ;
- on ne me laisse pas apprendre à ma manière ;
- je me crois stupide ;
- je n'ai pas choisi d'apprendre ;
- j'ai une mauvaise expérience avec la matière concernée ;
- on me décourage d'avoir une réflexion personnelle ;
- on m'apprend à reproduire les idées des autres ;
- on me décourage de garder ma curiosité personnelle ;
- ma curiosité a été étouffée ;
- j'ai peur de l'échec ;
- j'ai peur de la réussite ;
- je ne crois pas mériter de réussir ;
- j'ai peur du changement ;
- je n'ai pas le droit à l'erreur ;
- je ne comprends pas ce que l'on m'explique ;
- je ne travaille pas par moi-même ;
- je n'arrive pas à faire des efforts ;
- je n'ai aucun motif pour apprendre.

Autre réponse : ....

33 EXERCICE

3) Qu'est-ce que j'aime apprendre ?
Est-ce que je me retrouve dans certaines des affirmations suivantes ?
J'aime apprendre :
- ce qui peut m'être utile ;
- ce qui m'intéresse ou me plaît ;
- ce qui me paraît facile ;
- ce que j'ai choisi par moi-même ;
- ce que je réussis.

Autre réponse : ....

4) Qu'est-ce que je ressens quand j'apprends ?
Satisfaction, curiosité, excitation, fatigue, plaisir, agacement, joie, trac, crainte, contentement, colère, autre : ....

Tout public – Assez facile – 15 à 20 minutes – Sans préparation

34 EXERCICE

J'utilise ma mémoire visuelle

Je prépare d'abord une feuille de papier vierge et un crayon car je vais en avoir besoin dans quelques instants. Puis je regarde longuement la figure ci-dessous. Je la photographie dans ma tête, pour imprimer dans mon cerveau une image visuelle la plus précise possible. Je la dessine mentalement pas à pas. Je la décompose en mettant des mots sur les traits que je vois : un rectangle, un carré à l'intérieur du rectangle…
Dès que l'animateur donne le signal, je retourne le dessin contre la table. Je dessine la figure, telle que je l'ai mémorisée. Ce qui est important ici, ce n'est pas le résultat, mais la manière dont je procède pour réaliser la copie de la figure.

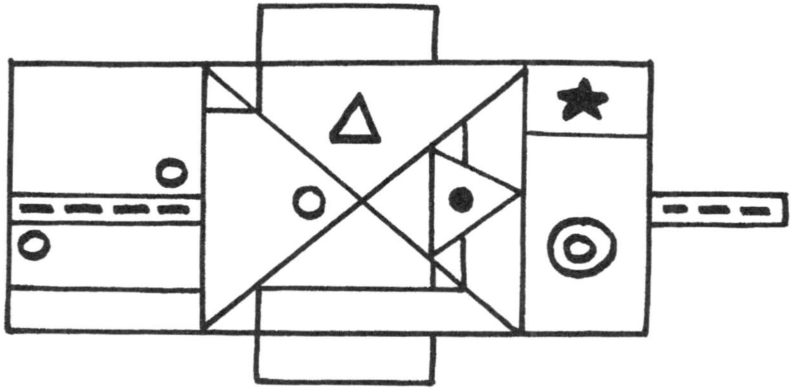

Tout public – Assez facile – 15 minutes – Sans préparation

L'animateur présente l'**exercice 34** comme une expérience qui permettra à chacun de repérer comment sa mémoire fonctionne. Il rassure les participants. Ce n'est pas le résultat qui est ici important, mais le déroulement de l'exercice.

L'animateur énonce les consignes, s'assure qu'elles sont bien comprises. Il fait en sorte que l'exercice se déroule dans les conditions le plus paisibles possible. Il ne commence pas ou abandonne l'exercice s'il sent les participants stressés ou mal à l'aise. L'objectif de l'exercice n'est pas de reproduire avec exactitude la figure géométrique, mais de repérer les manières de restituer ce que la mémoire de chacun a sauvegardé. L'exercice est achevé lorsque les participants ont restitué tous les éléments mémorisés. Les échanges verbaux ne portent pas alors sur ce qui a été réalisé, mais sur le ressenti de chacun durant la réalisation de l'exercice. Il est important que les animateurs ni ne commentent ni ne comparent les résultats individuels les uns aux autres. Cet exercice permet au jeune de parler concrètement du fonctionnement de sa mémoire.

La mémoire de reconnaissance permet de trouver ce que l'on recherche en le reconnaissant parmi des objets, des mots, des informations... Elle demande peu d'efforts. Elle est facile à mobiliser. Elle s'appuie sur la perception.

La mémoire d'évocation demande une forte mobilisation des souvenirs propres et une recherche thématique organisée pour choisir parmi certains souvenirs ceux qui sont les plus appropriés. Elle demande beaucoup d'efforts. Elle est difficile à mettre en œuvre.

Exemple :

Dans le groupe, les quatre participants-jeunes ont réalisé leur exercice de mémorisation. Aline raconte. Elle s'est bien souvenue du grand rectangle et l'a réalisé sans oubli. Elle s'est bien souvenue aussi de nombreux détails comme des traits, des points, mais elle ne savait plus où ils se situaient sur l'original. Aussi, au lieu de les placer au hasard, elle a préféré ne rien mettre du tout. Philippe, lui, a dessiné tout ce dont il se souvenait, sans se soucier de leur place dans la figure.

L'**exercice 35** nécessite une préparation importante de la part des animateurs car ils vont devoir concevoir certains documents et les présenter successivement aux participants, et non tous simultanément. Il est nécessaire qu'ils se familiarisent avec les notions de **mémoire de reconnaissance** et de **mémoire d'évocation** qui représentent l'enjeu de l'exercice.

Celui-ci se déroule en trois parties successives. Les consignes sont énoncées, par les animateurs, au fur et à mesure du déroulement de l'exercice.

La première partie de l'activité est expliquée dans le document mis à la disposition des participants. L'animateur veille, en amont et durant ce moment, à rassurer les adolescents car il ne s'agit pas de

35 EXERCICE

Quelles sont la ou les forme(s) de mémoire que j'utilise : d'évocation ou de reconnaissance ?

Je prépare d'abord une feuille de papier vierge et un crayon car je vais en avoir besoin. Puis je lis avec intérêt la liste de mots sans signification écrite ci-dessous. J'essaie d'enregistrer dans ma mémoire ou d'apprendre ces mots. J'ai le temps de les lire plusieurs fois. Ce qui est important durant cet exercice, ce n'est pas la quantité de mots mémorisés, mais la manière dont ma mémoire fonctionne.
Lorsque l'animateur l'indique, je retourne ce document contre la table. Puis j'écoute ses consignes.

ACEF	BAGH	CLIR	STUS
UBAG	ELIP	FROX	DELV
ITAR	IMOP	JORT	NAST
UXEL	OMIR	KABS	VIGO
EUXI	UFAT	MEVA	AGOP

Tout public – Assez difficile – 20 à 25 minutes – Préparation : se familiariser avec les notions employées

mémoriser le plus de mots possible, mais de repérer la forme de mémoire que chacun utilise en priorité.

La deuxième partie de l'activité porte sur la mémoire d'évocation. Elle consiste, pour l'animateur, à énoncer la consigne suivante :

« Vous allez maintenant, sans vous presser et calmement, écrire sur votre feuille les mots sans signification dont vous vous souvenez. Ce qui est important ce n'est pas le nombre de mots que vous allez écrire, mais la manière dont vous les mémorisez. »

Cette activité est suivie d'un échange sur le ressenti des uns et des autres à l'égard de ce qui vient de leur être demandé (« Comment avez-vous ressenti cette activité ? Qu'est-ce que vous pouvez dire de votre manière de procéder pour restituer ce que vous avez mémorisé ? »). Avant de passer à la partie suivante, l'animateur explique aux participants ce qu'est la mémoire d'évocation.

La troisième partie porte sur la mémoire de reconnaissance. L'animateur propose à chaque jeune une feuille sur laquelle il a mélangé des mots de la liste ci-dessus et des mots étrangers à la liste, comme ici :

ROMN	ACEF	BICE	BAGH	CLIR	STUS
FROV	UBAG	ELIP	CROM	FROX	NIOL
DELV	ITAR	IMOP	BOLT	JORT	LORT
NAST	UXEL	WIHT	OMIR	KABS	VIGO
EUXI	UFAT	HIOP	MEVA	GROL	AGOP

La consigne est alors la suivante : « Vous allez retrouver, dans cette liste, les mots que vous avez appris et qui font partie de la première liste. Vous entourez les mots que vous reconnaissez. »

Cette activité est suivie d'un échange sur le ressenti des uns et des autres durant cette partie de l'exercice. Avant de conclure, l'animateur explique aux participants ce qu'est la mémoire de reconnaissance. L'exercice se termine par une réflexion et une discussion sur les questions suivantes : « Quelle est la forme de mémoire que j'utilise de préférence, quelle est celle qui me semble être efficace pour moi et celle avec laquelle je me sens le plus à l'aise ? Etc. »

L'animateur peut concevoir l'exercice non pas sur des mots sans signification, mais sur un autre type de liste de mots : mots du vocabulaire technique, noms de capitales, de fleuves, d'auteurs littéraires, etc.

EXERCICES CORPORELS PRATIQUES POUR SE CONCENTRER

Il existe différents types d'exercices de concentration dont la fonction est de développer cette aptitude ou compétence. La capacité de concentration n'est pas de l'ordre de l'inné mais de l'ordre de l'acquis. Elle s'affine, se précise, s'automatise quand elle est souvent et régulièrement stimulée.

Les exercices de concentration proposés ici sont des exercices corporels. Le corps est impliqué directement dans leur réalisation par le biais de processus mentaux. Il existe aussi des exercices intellectuels de concentration qui mobilisent exclusivement des processus mentaux.

Les exercices de concentration corporels sont très intéressants durant l'adolescence car le corps occupe une place centrale dans le vécu de certains adolescents. Ils pensent avec leur corps. Les aider à construire et à développer des compétences par le biais du corps semble être une démarche pouvant présenter une certaine efficacité.

Les exercices suivants ne sont pas à utiliser en une seule fois, mais un par un, lors de chaque nouvelle séquence de l'atelier de parole. Le meilleur moment pour les proposer aux participants est le début de la séquence. L'exercice de concentration peut être précédé par un exercice corporel[4] de relaxation ou de détente.

Avant toute chose, l'animateur indique aux participants le type d'exercice qui va leur être proposé maintenant. Il permet à chacun de s'installer corporellement dans un certain confort : écarter sa chaise de la table, s'éloigner des autres, se tourner face au mur afin de ne plus avoir de vis-à-vis (pour la réalisation de ces exercices, un certain « isolement » à l'égard des autres est nécessaire).

L'explication de l'exercice, l'énonciation de la consigne se fait de manière claire, précise et lente. Il est nécessaire que l'animateur donne aux participants le plus d'informations concrètes possibles, d'une voix calme, posée et éventuellement monocorde. Il ne perd pas de vue, au cours de l'exercice, l'affirmation suivante : « Se concentrer est ici une simple question de technique. »

Les consignes ne sont pas à lire au pied de la lettre. Elles peuvent être formulées de manière plus personnalisée par l'animateur. Chaque exercice ne doit pas durer trop longtemps pour ne pas produire un effet d'agacement sur les participants. À la fin de chaque exercice, l'animateur s'assure que chacun a réussi à réaliser la consigne. La réalisation de l'exercice est suivie d'une mise en commun. Elle porte sur le contenu de cette expérience et sur le ressenti de chacun.

4. Voir chapitre 5, pages 102 à 104.

36a EXERCICE

Observation d'images visuelles intérieures

L'animateur allume l'éclairage du plafond de la salle. Puis il énonce la consigne suivante :
« Vous allez vous déplacer dans la salle pour venir vous placer sous la lumière électrique. Vous allez fixer pendant quelques instants la lumière électrique, puis vous fermez les yeux en crispant fortement les paupières.
En détendant les paupières, vous gardez les yeux fermés et vous regardez ce que vous voyez sous vos paupières. Des formes et des couleurs apparaissent. Elles changent rapidement. Vous suivez, sans lâcher l'image intérieure, l'évolution des formes, des couleurs jusqu'à l'apparition d'un noir constant. »

36b EXERCICE

Écoute des sons intérieurs et extérieurs

« Vous allez écouter les bruits et essayer d'être attentif à tous les bruits, y compris les plus petits bruits. Il y a les bruits de votre corps (quand vous respirez, les bruits de votre ventre, de votre cœur…). Il y a les bruits que les autres font à côté de vous et aussi les bruits qui proviennent de la salle et enfin les bruits qui proviennent de l'extérieur de la salle, des couloirs, de la cour mais aussi de la ville alentour. Vous essayez de capter, d'écouter et d'identifier tous ces bruits. »

36c EXERCICE

Mentalisation d'images fixes

L'animateur présente une image aux participants en demandant à chacun de la visualiser dans sa tête. Cette image peut être décrite verbalement ou présentée sur un support qui est ensuite supprimé.
Il peut s'agir d'une image simple évoquée par des phrases comme : « Vous êtes assis sur la plage par une journée calme et ensoleillée. Vous regardez la mer qui vient s'échouer à vos pieds à un rythme régulier, pas une vague, pas un souffle d'air. Au loin, à l'horizon, comme arrêté, se trouve un grand et beau bateau blanc… »

36d EXERCICE

Mentalisation d'images au ralenti

Cet exercice est le prolongement de l'exercice précédent. Il s'agit de mettre en mouvement l'image du précédent exercice. La consigne est alors la suivante :
« Vous allez mettre en mouvement l'image que je vais vous présenter maintenant… Vous regardez le grand et beau bateau blanc qui se trouve à l'horizon. C'est un bateau à voile qui était jusqu'à présent immobile par manque de vent. Mais le vent commence à souffler. Les marins s'affairent sur le pont et montent les voiles qui se gonflent. Lentement, le voilier se met en route. Il se déplace. Vous le suivez du regard jusqu'à le perdre de vue. »
L'animateur peut aussi proposer la mise en mouvement de toutes sortes d'images : « Vous marchez sur une route, longue et droite et vous avancez avec lenteur. »

Tout public – Assez facile – 5 à 10 minutes – Préparation : se familiariser et expérimenter préalablement les exercices

EXERCICE 36e

Mentalisation de couleurs posées sur son corps

Cet exercice est souvent proposé après un exercice de détente corporelle. La consigne peut être la suivante :
« Maintenant je vais vous demander d'imaginer des couleurs que vous allez poser sur une partie de votre corps. Je vous demande d'imaginer un bleu, celui qui vous convient, un bleu clair ou soutenu. Quand vous avez ce bleu, vous le posez sur votre tête. Vos cheveux, votre visage deviennent bleus… »
L'animateur poursuit avec d'autres couleurs et d'autres parties du corps. L'exercice peut comprendre quelques parties du corps seulement.

Tout public – Assez facile – 5 à 10 minutes – Préparation : se familiariser et expérimenter préalablement les exercices

Avant de proposer l'**exercice 37**, l'animateur doit avoir acquis les informations nécessaires sur la pratique de la pêche aux phoques chez les Inuits[5] et sur les pratiques de l'alpinisme, lors d'ascensions particulièrement dangereuses. Le pêcheur inuit et l'alpiniste ont en commun la patience, la concentration, la précision.

EXERCICE 37

Je me concentre, simple question de survie

Je regarde avec attention chaque image l'une après l'autre et je réponds aux différentes questions.

Que fait-il ?

Que fait-il ?

• Quelles compétences ont-ils apprises et développées pour réaliser ce qu'ils entreprennent ?
• Je m'imagine dans la situation de l'un ou de l'autre. Quelles compétences devrais-je personnellement acquérir ou développer pour réussir ?

Tout public – Assez facile – 10 minutes – Préparation nécessaire

5. Le pêcheur peut passer plusieurs heures dans la même position, sans bouger et par des températures extrêmement basses pour attendre l'arrivée, éventuelle, d'un phoque. L'homme est cependant prêt à tout instant à utiliser son arme.

Il est souhaitable que les échanges entre les participants sur l'activité des deux personnages tournent autour de ces notions. La mise en situation imaginée peut permettre aux adolescents de percevoir ce que représente concrètement la concentration et la patience.

EXERCICE 38

J'exerce mon intelligence spatiale

Je regarde le clavier de téléphone dessiné ci-dessous, dans une position verticale. Mentalement et sans mettre mes doigts sur le clavier, je compose le numéro suivant en regardant le clavier : 0981 256 475.

Toujours mentalement, je compose mon numéro personnel sans regarder le clavier.

Mentalement, je fais exécuter au téléphone un mouvement de 90° vers la droite (en suivant la flèche). Il est donc maintenant en position horizontale.

Sans regarder le dessin du téléphone et sans le toucher, je compose mentalement les numéros suivants : 0192 762 854 – 0736 715 952 – 0879 024 745.

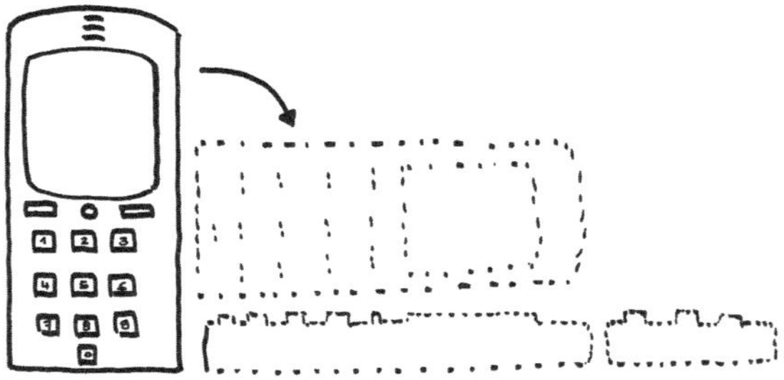

Tout public – Assez difficile – 10 minutes – Sans préparation

L'**exercice 38** nécessite un gros effort de concentration car il repose essentiellement sur des images mentales. La capacité de visualiser mentalement un objet placé dans une certaine position ou présenté sous un certain angle n'est pas innée. Elle se développe avec l'expérimentation par essais successifs.

Les exercices contenus dans ce chapitre sont à manier avec précaution par les animateurs pour ne pas produire de blocages sur les participants-jeunes. Refus et absence de participation risquent de surgir de la part des jeunes s'ils sentent que les animateurs abordent les exercices sous l'angle de la performance. Ces exercices ont pour fonction essentielle de faire parler les participants sur leurs manières de percevoir, d'utiliser leurs ressources et d'identifier leurs compétences pour penser et apprendre.

chapitre 5

Apprendre les compétences nécessaires pour vivre avec et parmi les autres

La socialisation est un processus dynamique au cours duquel l'enfant acquiert les compétences nécessaires pour vivre dans un groupe social. Ce processus d'adaptation mobilise ses capacités mentales, relationnelles et corporelles. L'enfant s'intègre en adhérant et en acceptant les modes de fonctionnement du groupe. Il manifeste cette adhésion en mettant en œuvre les règles, les usages, les codes de communication, les normes en vigueur dans ce groupe social particulier.

Les comportements, les attitudes, les conduites du groupe social sont acquis progressivement par l'enfant. Ces acquisitions se réalisent en situation. Elles s'appuient sur l'expérience, le vécu, les essais successifs, les réussites, les erreurs, les interactions avec l'entourage, etc. Durant les premières années de la vie, ces acquisitions mobilisent d'abord et essentiellement l'intelligence sensorielle et motrice ainsi que l'intelligence interpersonnelle. L'enfant imite et répète ce qu'il voit, entend, ressent... Il copie ses modèles. Puis au fur et à mesure que ses relations aux autres se complexifient, que ses capacités se développent, l'enfant ajuste et adapte ses acquisitions à ses capacités, aux exigences de son entourage et à son désir de se conformer ou de s'opposer aux autres et au groupe.

En général, l'enfance est une période d'adhésion au groupe social. L'enfant développe son sentiment d'appartenance en se conformant à ses normes et à ses modes de fonctionnement. Il acquiert ainsi les compétences nécessaires pour vivre avec les autres.

L'adolescence voit éclore un conflit intérieur entre le désir de développer son individualité et le désir de se conformer au groupe. Les compétences sociales, acquises au cours de l'enfance, sont momentanément dévalorisées, mises de côté ou oubliées au profit de nouvelles expériences et de nouveaux modèles, extérieurs au groupe social de référence et parfois fort éloignés de celui-ci. Cette période, de courte durée à l'échelle d'une vie, est caractérisée par son intensité, ses excès et les risques que l'adolescent fait courir aux autres et à lui-même.

Aujourd'hui, l'inadaptation sociale ou la désocialisation de certains adolescents n'est plus seulement liée au phénomène « adolescence ». Certains jeunes n'ont pas acquis de manière stable les savoir-être et les savoir-faire obligatoires pour prendre leur place parmi les autres. Les causes de ces carences sont multiples et dépassent largement le groupe familial et social. Cependant, force est de constater que ces savoirs, savoir-être et savoir-faire n'ont pas toujours été transmis de manière régulière, affirmée, cohérente et explicite par les parents, les enseignants ou les éducateurs de ces jeunes. Ainsi, par manque d'explicitation et de visibilité de ces savoirs, ils n'apprennent pas à se comporter de manière socialisée parmi les autres.

Les exercices proposés dans cette séquence s'appuient sur la conviction qu'il est possible d'apprendre, au cours de l'adolescence, ce qui n'a pas été acquis au cours de l'enfance. Ils rendent visible et explicite ce qui est transmis habituellement de manière implicite à travers les situations vécues. Ils mettent des mots sur les comportements sociaux. Ils les identifient, les différencient, les hiérarchisent. Les exercices permettent d'expérimenter mentalement et verbalement ces comportements dans le cadre de l'atelier de parole. Ils participent au développement de certaines compétences corporelles et relationnelles comme le contrôle de soi, l'attention et l'écoute de l'autre, l'empathie, la réciprocité, la discussion, la négociation, la gestion des situations difficiles, etc.

Avant de proposer l'**exercice 39** aux adolescents, les animateurs s'informent sur le stress[1] pour pouvoir accompagner la réalisation de l'exercice. Ils y participent aussi aux côtés des jeunes. Cet exercice définit le stress et ses manifestations.

1. Consulter l'ouvrage du Dr Cungi, *Savoir gérer son stress,* publié chez Retz (voir bibliographie, p. 182).

Tous les mots recensés, dans le premier point de l'exercice, sont synonymes d'un stress, positif ou négatif, plus ou moins intense. Le positionnement sur l'échelle du stress est subjectif. La deuxième partie de l'exercice a pour fonctions de développer les capacités d'observation de soi, de repérer son état d'excitation et d'identifier les situations productrices de stress pour pouvoir agir sur les causes.

39 EXERCICE

Le stress, qu'est-ce que c'est ?

Je lis, partie par partie, le texte. Je réponds au fur et à mesure aux questions posées. J'en discute avec les autres participants de l'atelier de parole.

1) Derrière quels mots, derrière quelles réactions peut se cacher le stress ?
Je souligne les mots que j'associe au stress : fatigue, ennui, mal-être, énervement, colère, bonheur, tension, peur, joie, excitation, agacement, agressivité, anxiété, angoisse, épuisement…

2) Le stress est un état d'excitation psychique ou de tension interne. C'est une réaction de l'organisme aux sollicitations internes ou externes. Il a pour fonction d'alerter, de protéger l'organisme contre les sollicitations excessives ou dangereuses. Cette réaction nous oblige à mettre en œuvre nos facultés d'autorégulation ou d'équilibre pour retrouver un état de moindre excitation.

Le stress s'exprime du niveau 1 au niveau 4, du taux d'excitation minimal au taux d'excitation maximal. Je prends connaissance des différents niveaux de stress : à quel niveau suis-je en ce moment ? Je me positionne sur ce schéma :

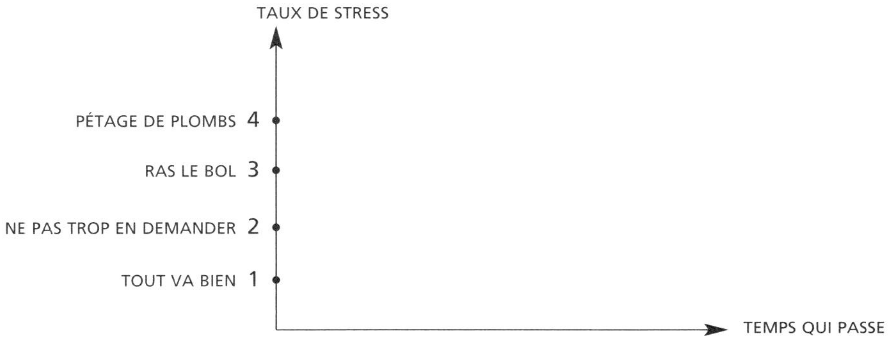

Niveau 1 : le taux d'excitation est le plus bas « tout va bien ». Les mots qui me viennent à l'esprit pour dire ce que je ressens sont en lien avec : satisfaction, bien-être, contentement, confort. Mes capacités d'adaptation aux situations nouvelles sont excellentes, ainsi que mes capacités de récupération.

39 EXERCICE

Niveau 2 : le taux d'excitation dans l'organisme augmente. L'agacement commence à apparaître. Je suis en phase d'alerte. Un effort m'est nécessaire pour m'adapter aux situations nouvelles ou problématiques. « Il ne faut plus trop m'en demander. »
Niveau 3 : je commence à être sérieusement fatigué. Je m'énerve, je suis susceptible, je manque de motivation. J'ai du mal m'adapter aux situations nouvelles. Je suis en phase de « ras-le-bol » ou d'énervement.
Niveau 4 : je suis épuisé, usé, je n'ai plus de ressources. Mon niveau de stress est extrême. J'ai l'impression de disjoncter, de « péter les plombs ». Je souffre. Je suis capable de comportements violents. J'explose à la moindre occasion.

3) Nous n'avons pas la même sensibilité au stress. Je compare mon niveau de stress actuel avec le niveau de stress des autres membres du groupe.
Je peux identifier deux types de stress :
– un « bon stress », stimulant, source de bonheur qui recharge les « batteries internes ».
– un mauvais stress ou « détresse », en lien avec des situations difficiles qui décharge ces mêmes batteries.

Je cherche les situations qui produisent en moi du bon stress et les situations qui produisent du mauvais stress. Je les classe dans le tableau ci-dessous.

Situations produisant du bon stress	Situations produisant du mauvais stress

Tout public – Assez facile – 15 minutes – Préparation : se familiariser avec la notion de stress

EXERCICE 40

Quels sont les effets du stress ?

Je lis chaque paragraphe l'un après l'autre. Je réalise les consignes ou je réponds aux questions posées.

1) Avec les autres participants du groupe, j'énumère les effets concrets du stress en moi. L'un d'entre nous les note sur un tableau ou une feuille.

2) Le stress positif ou « bon stress » et le stress négatif ou « mauvais stress » produisent les mêmes effets. Seuls les ressentis changent. Le stress positif est agréable. Le stress négatif est désagréable. Le stress positif est mieux perçu, mieux vécu que le stress négatif.
Je me souviens des effets d'un stress positif ressenti récemment. Je raconte ce ressenti dans le groupe.

3) En général, quand je suis stressé, j'agis plus vite et mes réactions sont plus rapides. Plus je suis stressé, plus mes réactions s'accélèrent. Le stress accélère la respiration, le débit verbal, les gestes, les actes.
Quand je suis stressé, mes réactions sont plus fortes, plus vives, parfois démesurées. Sous l'emprise du stress, je respire et je parle plus fort, mes gestes sont plus importants, mes actes excessifs et mes réactions émotionnelles plus fortes.
Quand je suis stressé, mes réactions sont plus spontanées, moins réfléchies et prises plus rapidement qu'à l'accoutumée.

4) Maintenant je réfléchis sur moi-même. Quand je suis stressé, comment le stress agit-il en moi ?
Sur mon état général et émotionnel : comment est-ce que je me sens ? Qu'est-ce que je ressens ?
Sur mon état respiratoire : comment est-ce que je respire, inspire, expire ?
Sur mon expression verbale : comment est-ce que je parle (débit, intonation, niveau sonore…) ?
Sur mes gestes : de quelle manière est-ce que j'accomplis les gestes (rapidité, force) ?
Sur mes manières de penser : à quoi est-ce que je pense ? De quelle manière est-ce que je pense ? Est-ce que je pense à quelque chose ?

Tout public – Difficile – 15 à 20 minutes – Préparation : se familiariser avec les notions présentées dans l'exercice

La réalisation de l'**exercice 40** est délicate car les effets du stress sont mal connus du grand public. De plus, nous avons assez peu l'habitude d'observer nos réactions lorsque nous sommes en situation de stress.

Cet exercice a pour objectif de solliciter nos capacités d'observation et de mémorisation. Il repose essentiellement sur les souvenirs des participants lorsqu'ils étaient en situation de stress. Cet exercice introduit une méthode pédagogique, très utile dans le cadre scolaire, celle du travail dans l'après-coup de l'action. L'observation et l'analyse de ce qui a été fait, dans un temps antérieur, permettent de progresser, d'évoluer, de ne pas répéter involontairement ses erreurs.

Lors des premières séquences de l'atelier de parole, certains participants-jeunes présentent un réel malaise psychique durant ces exercices. Ils résistent, ne s'y impliquent pas, n'y participent pas, rient nerveusement ou bruyamment, regardent les autres adolescents avec insistance pour les amener à abandonner l'exercice. L'animateur ne se laisse pas troubler par ces comportements. Il énonce paisiblement la difficulté de s'impliquer dans l'exercice. Il essaie de contenir par la parole ces comportements. Il propose paisiblement à ces jeunes de fermer les yeux, de tourner leur chaise pour se mettre face à un mur, d'aller s'asseoir à l'écart des autres pour réaliser l'exercice. Il n'oblige pas à une réalisation immédiate…

41 EXERCICE

Gérer son stress avec son corps par la relaxation[2]

L'animateur demande à chaque jeune de se positionner sur sa chaise « comme son corps en a besoin » et de se centrer sur lui-même pour se concentrer sur sa respiration abdominale. Chacun peut fermer les yeux et poser une main sur son ventre pour le sentir se gonfler ou se vider de l'air qu'il contient.
L'animateur accompagne cet exercice par une parole lente et énonce ce que chacun doit faire : inspirer le plus lentement possible par le nez et expirer, de préférence par la bouche, avec lenteur. Il demande à chacun de ne pas cesser de se dire ce qu'il doit faire, tout au long de l'exercice.
L'exercice est réalisé plusieurs fois de suite. Le calme et le silence sont nécessaires pour une réalisation satisfaisante. Certaines personnes bâillent abondamment durant cet exercice.
Des variantes de l'exercice peuvent être proposées :
- Penser, se concentrer successivement et lentement sur chaque partie du corps en commençant par le pied (droit ou gauche) pour remonter vers la tête.
- Penser fortement à une couleur et s'en recouvrir mentalement et lentement des pieds jusqu'à la tête ou inversement.

Tout public – Assez facile – 5 à 10 minutes – Préparation : se familiariser avec l'exercice

2. Voir chapitre 1, « Exercices corporels », p. 27.
Voir également *Savoir se relaxer*, C. Cungi et S. Limousin, publié chez Retz (voir bibliographie, p. 182).

Les différents exercices corporels présentés ici ne doivent pas être proposés ensemble lors de la même séquence de l'atelier de parole. Ils peuvent être utilisés séparément au commencement d'une nouvelle séquence. La pratique régulière de ces exercices est nécessaire pour qu'ils produisent, à moyen ou long terme, les effets de détente attendus.

Ces exercices participent à la gestion volontaire du stress. Ils ont pour fonction de faire contrepoids : là où le stress accélère les réactions et les intensifie, les exercices corporels ralentissent les réactions et en diminuent l'intensité ; là où le stress exacerbe les émotions et empêche de penser, les exercices corporels stimulent la parole intérieure. Il est nécessaire que l'animateur rappelle, au début de l'exercice, que celui-ci doit être accompagné par une parole intérieure qui dit ce qu'il faut faire. Il ne faut pas cesser de penser pendant ce type d'exercice.

Ces exercices cherchent à mobiliser l'intelligence kinesthésique, pour inscrire les informations mobilisées dans la mémoire corporelle. Il s'agit de remplacer les attitudes et conduites spontanées, rapides, pulsionnelles et non réfléchies de chacun par des attitudes et conduites lentes, calmes, réfléchies.

EXERCICE 42

Gérer son stress par la lenteur (exercice corporel)

Cet exercice de détente est centré sur le ralentissement volontaire de ses gestes. L'animateur énonce calmement et lentement l'objectif de l'exercice (gérer son stress) et la manière de procéder :

« Nous allons faire maintenant quelque chose avec lenteur et en souplesse. Nous commençons, assis sur notre chaise, dans la position dont notre corps a besoin. Les deux mains sont posées bien à plat sur les cuisses. Le niveau de détente général est satisfaisant. Je commence à lever ma main et mon bras (gauche ou droit) vers le haut, lentement, en les suivant du regard. Le mouvement part de l'épaule. La main, le bras, l'épaule sont souples et détendus. Le mouvement se fait sans effort. Arrivé à la verticale, au-dessus de la tête, le bras redescend le plus lentement possible. La main vient se reposer avec souplesse sur la cuisse. Pour réaliser cet exercice, il est nécessaire de se parler intérieurement, de se dire ce que l'on doit faire. »

L'animateur accompagne la réalisation de l'exercice par la parole, pour soutenir l'activité des uns et des autres et aider chacun à construire sa propre parole intérieure.

42 EXERCICE

Des variantes de l'exercice peuvent être proposées aux participants :
1re variante : chacun se lève avec lenteur et souplesse et se déplace lentement, sans bruit et discrètement dans la salle. Pour faciliter la réalisation de l'exercice, l'animateur peut proposer des images mentales aux participants : se déplacer comme une feuille au vent, comme en apesanteur tel un astronaute sur la lune, comme un automate.
2e variante : l'exercice se réalise mentalement : « Vous rentrez chez vous, en pleine nuit à pas de loup, sans faire de bruit et lentement. Vous ouvrez d'abord la porte d'entrée avec beaucoup de précautions car elle grince habituellement. Puis vous avancez lentement, dans le noir, sur la pointe des pieds, sans vous cogner aux murs ou aux meubles. Vous allez ainsi jusqu'à votre chambre et votre lit, dans lequel vous vous couchez doucement. »

Tout public – Assez facile – 5 à 10 minutes – Préparation : se familiariser avec l'exercice

43 EXERCICE

Gérer son stress par le murmure (exercice corporel)

Cet exercice de détente est centré sur la voix. Il permet d'apprendre à ralentir son débit verbal pour parler plus lentement, et à diminuer l'intensité de sa voix pour parler à voix basse.
L'animateur propose d'abord une discussion informelle sur les bruits de voix, les voix très aiguës et criardes, les personnes qui parlent très fort et occupent tout l'espace sonore : « Comment les ressent-on ? »
L'animateur demande : « Savez-vous murmurer, chuchoter ou parler à voix basse en remuant à peine les lèvres ? Savez-vous parler sans faire de bruit ? »
L'animateur présente ensuite aux participants des phrases, choisies préalablement comme : « Le sourire que tu envoies revient toujours vers toi. » (proverbe indien)
« Derrière le nuage noir, il y a toujours un ourlet de lumière. » (proverbe colombien)
Puis il propose successivement les exercices de lecture suivants :
« Chacun de nous va lire une phrase, d'abord lentement et calmement. »
Lorsque cet exercice a été réalisé, l'animateur poursuit :
« Chacun de nous va lire maintenant une phrase à voix basse. Le son de la voix doit être faible. Ceux qui écoutent doivent se taire et prêter l'oreille pour l'entendre. »
Enfin l'animateur demande à chacun de lire une phrase, uniquement avec le souffle et sans la voix, comme si chacun se parlait à lui-même et ne voulait pas être entendu par autrui.

Tout public – Assez facile – 5 à 10 minutes – Préparation : se familiariser avec l'exercice et préparer des phrases

44 EXERCICE

Être attentif à l'autre et communiquer avec lui par le miroir[3]

L'animateur annonce l'exercice de communication ou jeu des miroirs alternatifs. Il se réalise, non avec la parole mais de manière relationnelle.
L'animateur propose et explique le jeu :
« Nous allons nous mettre deux par deux et face à face à un mètre environ l'un de l'autre. À tour de rôle chacun va être le miroir de l'autre. Celui qui joue le rôle de modèle va présenter des gestes et des mimiques à son partenaire. Celui-ci devient le miroir de l'autre. Il va copier immédiatement ce qu'il voit et le plus précisément possible.
Au bout de quelques minutes nous alternerons. Le modèle deviendra miroir et le miroir deviendra modèle.
Nous devons réaliser un exercice de communication et non un exercice de pouvoir. Il s'agit, pour le modèle, de permettre à son partenaire de le copier dans les meilleures conditions possibles. »

Tout public – Difficile (ludique) – 15 à 20 minutes – Préparation : se familiariser avec l'exercice

L'**exercice 44**, exercice de communication avec l'autre, est corporel et relationnel. Il place au premier plan l'écoute corporelle d'autrui, mais utilise aussi l'écoute visuelle. Cet exercice mobilise des compétences relationnelles que les participants doivent découvrir et expérimenter par eux-mêmes : attention et adaptation réciproque à l'autre, disponibilité et empathie.

45 EXERCICE

Être attentif à l'autre et lui passer un geste

L'exercice peut être présenté de la manière suivante par l'animateur :
« Nous allons nous mettre en cercle, les uns à côté des autres, pour que nous puissions nous voir les uns les autres. Je vais passer à celui qui est à côté de moi (à gauche ou à droite) un geste sans objet ou un geste symbolique. Celui ou celle qui reçoit mon geste le transmet à celui qui est à côté de lui ou d'elle. Le geste, une fois parti, passe de main en main, sans interruption.
Pendant ce temps, j'envoie un autre geste. Plusieurs gestes vont ainsi circuler dans le cercle. Chacun de nous doit être donc constamment attentif, vigilant pour ne pas manquer le geste qui lui est adressé et pour l'adresser ensuite à quelqu'un. »

Tout public – Difficile – 15 minutes – Préparation : se familiariser avec l'exercice et prévoir une liste de gestes

3. Les exercices 44 à 46 sont empruntés, sous des formes modifiées, à l'ouvrage de A. Héril et D. Mégrier, *Techniques théâtrales pour la formation d'adultes,* Retz, 2004.

Il existe des variantes qui complexifient l'**exercice 45**. Un geste peut être lancé à tout moment par un participant en direction d'un autre participant qui n'est pas à côté de lui. Cette variante mobilise une attention importante. Chacun, sur le qui-vive, doit observer et être prêt à répondre en renvoyant le geste. Il peut aussi produire, à tout instant, un geste nouveau.

Tous les gestes sont possibles, à condition qu'ils entrent dans un cadre juste et légal, comme frapper dans ses mains, envoyer un objet imaginaire, faire un signe de la tête pour dire oui ou dire non, faire un salut avec la main, envoyer un ballon imaginaire avec le pied, etc.

La liste de gestes peut être préparée avec les participants avant de commencer l'exercice.

EXERCICE 46

Rencontrer l'autre

L'animateur présente le jeu des rencontres en énonçant la consigne suivante :
« Nous allons nous lever pour occuper l'espace de la salle en marchant. Chacun de nous se promène, avance souplement comme s'il flânait dans la rue par une belle journée de printemps ou d'été. Chacun de nous doit trouver un rythme paisible et une allure calme qui lui convienne. Dès qu'il s'en sent capable, il avance les yeux fermés.
L'objectif de l'exercice est de se mettre à l'écoute sensorielle sensitive d'autrui, car au fur et à mesure de nos déplacements dans la salle nous allons nécessairement rencontrer quelqu'un. Et au lieu de l'éviter, de le contourner, de ne pas y faire attention, nous allons provoquer et vivre ces rencontres inattendues. Nous allons inventer chacun notre propre manière d'être présent dans cette rencontre par le toucher, le frôlement, les petits mots échangés. Tous ces échanges doivent se faire dans un contexte de bienveillance, d'attention à l'égard de l'autre et des autres. »

Tout public – Assez difficile – 15 minutes – Préparation : se familiariser avec l'exercice

L'**exercice 46** a pour objectif de se mettre à l'écoute corporelle d'autrui et, au lieu de l'éviter ou de faire preuve d'indifférence ou d'agacement, de provoquer ou de vivre cette rencontre. Les animateurs participent aussi à cet exercice. Les attitudes qui caractérisent la rencontre avec l'autre sont : prendre le temps, être bienveillant, disponible, paisible, accueillir l'autre, produire des gestes calmes et souples.

47 EXERCICE

Communiquer avec l'autre

Je lis avec les autres participants à l'atelier de parole le texte de Jacques Salomé. J'exprime mes réactions sur ce texte. Je réponds aux questions posées. J'échange mes réponses avec les autres.

> Quand je te demande de m'écouter et que tu commences
> à me donner des conseils, je ne me sens pas entendu.
>
> Quand je te demande de m'écouter et que tu me poses des questions,
>
> Quand tu argumentes, quand tu tentes de m'expliquer
>
> Ce que je ressens ou ne devrais pas ressentir, je me sens agressé.
> Quand je te demande de m'écouter et
> Que tu t'empares de ce que je dis pour tenter de résoudre
> Ce que tu crois être mon problème,...
> Je me sens encore plus en perdition.
> Écoute, écoute-moi. Tout ce que je te demande c'est de m'écouter.
> Au plus proche de moi. Simplement accueillir ce que je tente de te dire,
> Ce que j'essaie de me dire. Ne m'interromps pas...
> N'aie pas peur de mes tâtonnements ou de mes imprécations.
> Mes contradictions comme mes accusations,
> Aussi injustes soient-elles, sont importantes pour moi.
> Quand je me sens écouté, je peux enfin m'entendre.
> Quand je me sens écouté, je peux...
> Relier des événements, des situations, des rencontres ou des émotions
> Pour en faire la trame de mes interrogations.
> Pour tisser ainsi l'écoute de ma vie.
> Oui, ton écoute est passionnante.
> S'il te plaît écoute et entends-moi.
> Et si tu veux parler à ton tour, attends juste un instant
> Que je puisse terminer et je t'écouterai à mon tour,
> Mieux, surtout si je me suis senti entendu.
>
> Jacques Salomé

- Être écouté, se sentir écouté : qu'est-ce que je mets derrière ces expressions ?
- Est-ce que je suis écouté, est-ce que je me sens écouté dans le cadre de la famille, par mes parents ? par un ami intime ? par un professeur ?
- Quels savoir-faire, quelles compétences leur faut-il pour me proposer une écoute de qualité ?
- Est-ce que j'aime écouter autrui ?
- Comment dois-je faire, comment formuler ce que j'ai à dire, comment me comporter à l'égard de l'autre, pour qu'il accepte de m'écouter et entende ce que j'ai à lui dire ?

Tout public – Difficile – 20 minutes – Préparation : se familiariser avec les notions utilisées

L'objectif du texte et des questions proposés dans l'**exercice 47** est de faire parler sur l'écoute : écouter autrui, être écouté par l'autre. La discussion peut porter sur le ressenti, comme : « Je me sens ou je ne me sens pas écouté par mes parents… » Elle peut aussi s'exprimer en termes de compétences et de qualité d'écoute.

EXERCICE 48

Comment communiquer pour être entendu par autrui sans le mettre mal à l'aise ?

Je regarde les images présentées ci-dessous. Je cherche avec les autres participants du groupe une manière positive de formuler ce que chacun pense sans agacer son interlocuteur et sans le mettre mal à l'aise.
Vexer, culpabiliser, froisser quelqu'un, est-ce efficace pour le faire changer de comportement ?

Tout public – Difficile – 20 minutes – Préparation : se familiariser avec les notions utilisées

L'objectif de l'**exercice 48** est d'arriver à formuler et à faire entendre sa position ou son point de vue, sans agressivité et sans mettre l'autre mal à l'aise. Car lorsque l'interlocuteur est agacé par nos attitudes et paroles, il se met en position de fuite ou d'hostilité. Il n'écoute pas, n'entend pas et ne tient pas compte de ce que nous lui disons.

Certains adolescents résistent, parfois, à entrer dans ces exercices car ils ne comprennent pas la consigne. Ils refusent de participer parce qu'ils refusent d'avoir une attitude hypocrite qui consiste à ne pas dire ce qu'ils pensent. Aussi, lorsque l'animateur présente l'exercice, il précise qu'il s'agit bien de dire ce que chacun pense, sans pour autant le dire brutalement comme il le pense. L'animateur laisse un moment les participants chercher entre eux ces manières nouvelles d'exprimer sa pensée dans le respect de l'autre. La démarche est ici plus importante que le résultat. L'animateur valorise les efforts de recherche faits par les adolescents. Il accueille les propositions qui prennent en compte les critères suivants :

– Ne pas chercher à se moquer, à être désagréable à l'égard de l'interlocuteur.
– Exprimer son point de vue de manière bienveillante et assurée, sans agressivité.
– S'exprimer de manière mesurée et paisible sans se laisser envahir par les émotions ou par le stress.
– S'exprimer en parlant à la première personne du singulier : « Je pense, je crois… »
– Prohiber les formulations générales comme : « Plus personne ne te supporte… »
– Ne pas porter de jugement de valeur sur la personne, ne pas accuser, ne pas faire de reproches.
– S'exprimer avec humour et non avec ironie.

49 EXERCICE

Comment formuler une demande ou défendre son point de vue sans rompre la relation ?

• Je regarde le dessin ci-dessous et la situation qui est présentée. Je cherche avec les autres participants du groupe la ou les manières de résoudre positivement la situation posée en essayant de faire tenir ensemble les deux aspects du problème.

Annie voudrait bien récupérer l'argent qu'elle a prêté à son ami Stéphane. Comment va-t-elle s'y prendre, car elle voudrait récupérer son argent et ne pas perdre son ami ?

• Je lis ensuite les situations suivantes. Je cherche avec les autres participants la ou les manières de résoudre chaque problème.

1) Votre frère (ou votre sœur) a pour la troisième fois fouillé dans votre armoire et pris un de vos vêtements, sans vous le demander.
Comment réagissez-vous pour dire ce que vous pensez sans malmener la relation ?

2) Un ami vous demande de lui prêter un objet dont vous ne voulez pas vous séparer et dont il voudrait disposer pendant un certain temps. Comment réagissez-vous pour faire tenir ensemble la demande de votre ami et votre position ?

3) Un collègue de travail arrive pour la troisième fois en retard de dix minutes et vous avez dû l'attendre pour la relève.
Comment dites-vous ce que vous en pensez sans rompre la relation avec le collègue ?

4) Un bon copain, ayant une conduite routière particulièrement dangereuse, insiste pour vous ramener chez vous en voiture. Comment réagissez-vous… ?

Tout public – Assez difficile – 25 à 30 minutes – Préparation : se familiariser avec les notions utilisées

Pour cet **exercice 49**, l'animateur accompagne le travail des participants et répète les consignes car elles sont rapidement malmenées par les adolescents dont le fonctionnement est plutôt direct et impulsif. Cet exercice a pour objectif de faire réfléchir les participants sur la négociation, la conciliation, la recherche d'un consensus ou d'une solution qui tienne compte de la complexité des situations. Les adolescents peuvent ici expérimenter la diplomatie, le dialogue, l'humour.

50 EXERCICE

Je reformule ce que dit l'autre

Lorsque autrui communique avec moi, je me demande parfois ce qu'il a voulu me dire. Pour éviter les malentendus dans la communication, je me risque à lui proposer une nouvelle formulation de ce qu'il a dit.

1) Comment reformuler ce que dit l'autre ?
J'utilise la forme interrogative et si possible, des préambules : « Est-ce que vous avez dit… ou est-ce que vous voulez dire… ? »
J'exprime ce qu'il a voulu dire avec mes propres mots.
Je vérifie que ma formulation ne modifie pas le sens de ce qu'il a voulu dire en lui demandant son avis.

2) Je m'exerce à la reformulation.
Comment reformuler de manière concrète les phrases suivantes :
- Martin Luther King : « Il nous faut apprendre à vivre ensemble comme des frères, sinon nous allons périr ensemble comme des imbéciles. »
- Rudyard Kipling : « Rêve, mais ne laisse pas ton rêve devenir ton maître. »
- Norris : « Les gens se sentent seuls parce qu'ils construisent des murs plutôt que des ponts. »

3) Comment reformuler de manière positive les paroles suivantes ? J'imagine que je dois adresser ou dire chacune d'elles à quelqu'un.
« Ce n'est pas bien de ne pas vouloir porter les copies des cours à ton camarade de classe qui est malade parce qu'il ne l'a pas fait pour toi la semaine dernière, quand tu étais souffrant. »
« Si tu n'es pas plus gentil avec moi, ne compte pas sur moi pour te faire un cadeau pour ton anniversaire. »
« Ce n'est pas la peine de discuter avec toi, tu n'es pas capable d'écouter. »

Tout public – Assez difficile – 25 à 30 minutes – Préparation : se familiariser avec les notions utilisées

La reformulation du point de vue ou de la parole d'autrui est un exercice de communication. Elle s'appuie sur l'empathie. Elle permet de s'approcher de la pensée ou de la position de l'autre, sans lui imposer sa propre interprétation ou compréhension de ce qu'il dit. C'est aussi une manière bienveillante de relancer une discussion. La reformulation valorise la pensée ou la parole d'autrui.

L'**exercice 50** propose d'expérimenter la reformulation ici et maintenant, de préférence dans le groupe plutôt que de manière individualisée.

En fonction de la maturité des participants, l'animateur propose le point 2 pour expérimenter la reformulation. Avec les plus jeunes, il utilise le point 3 qui présente des paroles agressives de type culpabilisation, chantage et jugement. L'animateur peut proposer d'autres phrases.

Il existe plusieurs manières de reformuler la parole d'autrui :
– en utilisant les mêmes mots ou des mots synonymes ou des mots plus simples ;
– en reprenant l'essentiel de ce qui a été dit (reformulation synthétique) ;
– en exprimant de manière positive ce qui a été exprimé de manière négative (reformulation positive d'un point de vue) ;
– en interprétant, en donnant une signification à ce qui est exprimé de manière implicite (reformulation déductive) ;
– en cherchant les causes possibles de l'affirmation énoncée par autrui (reformulation inductive) ;
– en exprimant de manière humoristique ce qui a été dit.

EXERCICE 51

L'impulsivité, la recherche de sensations et moi

Je lis chaque question. J'y réponds le plus spontanément possible. J'en discute avec les autres, dans le groupe.

- Éprouvez-vous un fort plaisir à prendre des risques ?
- Éprouvez-vous du plaisir à revoir un film pour la deuxième fois ou à voir un film où vous pouvez prévoir ce qui va arriver ?
- En général, faites-vous ou dites-vous des choses sans prendre le temps de réfléchir ?
- Aimez-vous les fêtes où chacun « s'éclate » et fait ce qui lui plaît ?
- Êtes-vous quelqu'un d'impulsif ?
- Vous arrive-t-il de vous emballer pour des projets ou des idées nouvelles et excitantes au point de ne pas envisager les problèmes possibles ?
- Est-ce que cela vous ennuie de voir toujours les mêmes personnes ?
- Pouvez-vous prendre des décisions sans vous inquiéter des sentiments des autres ?
- Aimez-vous parfois faire des choses un peu effrayantes ?
- Changez-vous souvent de centres d'intérêts ?
- Vous sentez-vous bien après avoir pris certains produits ?
- Aimez-vous les activités dangereuses ?
- Croyez-vous que la vie soit faite pour vivre exclusivement des moments intenses ?
- Pouvez-vous aller jusqu'au bout d'un projet malgré les mises en garde et les conseils de votre entourage pour vous en dissuader ?

Public lycéen – Difficile – 20 à 25 minutes – Sans préparation

Les questions proposées dans l'**exercice 51** sont empruntées au questionnaire d'impulsivité d'Eysenck et à l'échelle de recherche de sensations de Taylor[4].

L'impulsivité est composée d'une recherche de sensations, d'une absence de réflexion avant l'action, d'une incapacité à résister à ses désirs et à supporter la frustration.

Cet exercice offre l'occasion aux participants-jeunes de parler de leur impulsivité, en dehors de tout jugement de valeur. Mais le caractère excessif de certaines questions peut produire chez certains adolescents, des effets de surprise, de surenchère, de blocage. Les animateurs accueillent ces réactions, les constatent mais ne les commentent pas et passent à la question suivante.

L'**exercice 52** fait l'inventaire de quelques situations de consommation assez fréquentes. Il a pour but de faire réagir, discuter les participants sur les attitudes et les conduites de consommation, non pour mettre au jour des normes de comportement mais pour interroger nos manières de consommer et leurs effets dans notre vie quotidienne, sur nous-même, sur les autres, la société, etc.

52 EXERCICE

Quel consommateur suis-je ?

• Je prends connaissance de chaque histoire. J'exprime mes réactions. J'en discute avec les autres participants de l'atelier de parole.

• Qu'est-ce que je ressens en lisant les histoires suivantes ? Qu'est-ce que je pourrais ressentir, qu'est-ce que je pourrais faire si j'étais dans les situations suivantes ?

Depuis plusieurs jours, Pierre B. pense à un objet précis qui lui fait très envie et qu'il veut absolument avoir. Aujourd'hui, il a un peu de temps et il cherche cet objet dans plusieurs magasins. Mais il ne le trouve nulle part.

Grégoire passe une grande partie de ses journées à grignoter car il a toujours faim. Il aime particulièrement manger lorsqu'il regarde un film.

Dorothée est passionnée par un produit précis. Elle l'achète régulièrement. Elle en a de multiples exemplaires chez elle, tous différents. Elle dit qu'elle ne peut s'empêcher d'en acheter quand elle en voit ou quand elle en a envie.

4. Martine Bouvard, *Questionnaires et échelles d'évaluation de la personnalité*, Masson, 2002.

EXERCICE 52

Quand madame D. fait des achats, elle achète seulement ce dont elle a besoin. Elle a préalablement rédigé une liste de ce qui lui manque. Elle va toujours faire ses courses dans la même grande surface commerciale car elle connaît les rayons où sont les produits dont elle a besoin. Elle ne perd pas de temps à circuler dans le magasin.

Amélie et Christina ne manqueraient, pour rien au monde, le moment des soldes. Elles aiment fouiner, chercher et trouver des objets dans les magasins. Elles se réjouissent de leurs « bonnes affaires » et sont fières de les montrer à leur entourage.

Madame P. mange uniquement lorsqu'elle a faim. Elle ne se met pas souvent à table. Les différentes personnes qui vivent sous son toit mangent, elles aussi, quand elles en ont envie et elles mangent ce qu'elles veulent. Madame P. remplit régulièrement son réfrigérateur de plats « prêts à l'emploi » qu'elle achète dans une grande surface commerciale.

Alexis, Samantha et Isabelle passent beaucoup de temps dans les grandes surfaces commerciales pour flâner, regarder les produits, les vitrines, passer le temps.

Isabelle a très envie d'un produit, mais il est trop cher.

Monsieur S. adore les produits nouveaux, en particulier les produits alimentaires. Il les essaie tous les uns après les autres.

Après avoir regardé des publicités télévisées pour des produits alimentaires qui mettent en scène de belles bouches qui se régalent, Arthur a très souvent envie de manger, car ces images lui mettent « l'eau à la bouche ».

Tout public – Difficile – 20 à 25 minutes – Sans préparation

Les affirmations[5] proposées dans l'**exercice 53** présentent aux participants des occasions de discuter entre eux sur des situations et des relations de la vie quotidienne. Elles permettent à chacun d'évaluer, de manière qualitative, sa vie émotionnelle, de mettre au jour ses fragilités, ses manières de gérer ses émotions. Elles interrogent le contrôle de soi et l'équilibre entre raison et émotion, entre raisonner et résonner. Ces questions occupent une place centrale dans le vécu de certains adolescents qui, en situation, se laissent déborder par ce qu'ils ressentent. Ceux-ci participent souvent de manière laconique à cet exercice. Mais ils sont à l'écoute des réactions et paroles des autres participants.

5. Affirmations empruntées à J.-Y. Arrivé dans *Savoir vivre ses émotions,* Retz, 1999.

Le dernier paragraphe du questionnaire fait l'inventaire des symptômes de la crise de panique, ressentis au cours d'une crise d'angoisse massive. Cette question peut être l'occasion, pour certains participants-jeunes, de parler de cette expérience. Les animateurs veillent à ne pas trop les interroger personnellement durant l'atelier de parole.

EXERCICE 53

J'évalue ma vie émotionnelle

Je lis les affirmations. Je me positionne par rapport à chacune d'elles : elle est plutôt vraie ou plutôt fausse pour moi. J'exprime et j'explique mes réponses dans le cadre du groupe. J'en discute avec les autres.

Je n'arrive pas toujours à identifier les causes réelles de mes émotions.
Je passe peu de temps à faire des rêves éveillés et à me laisser emporter par mon imagination.
Je trouve difficile de parler de mes sentiments, même à un ami ou à une amie.
Quand je me sens découragé(e), je comprends en général d'où ça provient.
Quand je vois quelqu'un pleurer à chaudes larmes, je demeure imperturbable.
Je ne sais pas exprimer verbalement mes sentiments.
Je suis capable d'exprimer, de montrer ma joie.
Je peux parler en public sans être paralysé(e) par le trac.
Je ne supporte pas facilement le silence qui s'instaure dans un groupe.
Je suis souvent impliqué(e) affectivement dans les problèmes de mes ami(e)s.
Il m'est parfois difficile de trouver des mots pour exprimer ce que je ressens.
Les gens qui m'entourent ont une forte influence sur mon humeur.
Il m'arrive de m'identifier très fortement aux sentiments d'un personnage d'un film, d'un roman.
Je trouve parfois le rire des autres très communicatif.
J'ai déjà vécu des crises de panique et ressenti au moins quatre des symptômes suivants :
Sensation de souffle coupé. Palpitations cardiaques. Étouffement ou sensation d'étranglement. Transpiration. Tremblements ou secousses musculaires. Nausées. Sensation d'engourdissement ou de picotement. Bouffées de chaleur ou frissons. Douleur ou gêne thoracique. Peur de mourir. Peur de devenir fou ou de commettre un acte incontrôlé.

Tout public – Difficile – 20 à 25 minutes – Sans préparation

54 EXERCICE

Expérimenter l'attente

L'exercice ne se réalise pas durant l'atelier de parole. Il est proposé aux participants pour une réalisation ultérieure. Il peut être présenté comme un devoir ou une activité à faire à la maison, dans la rue ou dans tout autre lieu extérieur à l'établissement scolaire.
Au cours des dernières minutes d'une séquence de l'atelier de parole, les animateurs proposent aux participants l'exercice suivant à mettre en œuvre avant la prochaine séquence de l'atelier de parole :
« Vous allez vous ménager, dans votre vie quotidienne (à la maison ou dans la rue, etc.) des moments d'attente que vous n'avez pas l'habitude de vivre.
• Au lieu de vous faufiler dans la rue, parmi les passants, pour avancer à votre rythme, vous allez essayer d'avancer au rythme des personnes qui sont devant vous.
• Au lieu de trépigner à la maison, devant la porte des toilettes occupées, vous allez attendre paisiblement qu'elles se libèrent.
• Au lieu de vous précipiter dans la cuisine pour y chercher de quoi manger parce que vous avez une faim de loup, vous attendez tranquillement l'heure du repas.
Vous pouvez trouver, par vous-même, d'autres situations où vous pourrez expérimenter l'attente. L'exercice va vous demander de gros efforts. Vous allez être attentif à ce que vous ressentez, aux réactions des personnes de votre entourage. Vous présenterez ici, lors de la prochaine séquence de l'atelier de parole, cette ou ces expériences. »

Tout public – Très difficile – 1 semaine – Sans préparation

Pour présenter l'**exercice 54**, les animateurs doivent prévoir un temps suffisant pour que les adolescents puissent se l'approprier. Une discussion peut avoir lieu immédiatement entre les différents participants sur quand, comment et pourquoi réaliser cet exercice. Les animateurs peuvent aussi s'engager à réaliser l'exercice pour stimuler le désir des adolescents d'y participer.

L'exercice a pour objectif d'expérimenter des moments d'attente, de modifier les représentations péjoratives de ceux qui attendent ou pour qui l'attente est vécue comme insupportable, inadmissible, ridicule. Mais il a aussi pour fonction d'interroger les représentations sociales du temps et de l'autre. Pour réaliser l'exercice, il est nécessaire de prendre son temps, de cesser d'être pressé ou de penser que l'on n'a pas le temps. Il est nécessaire aussi de tenir compte de l'autre, de faire attention à lui, d'en prendre soin et de ne pas se sentir supérieur à lui ou ayant plus de droits que lui.

EXERCICE 55

J'attends, je fais preuve de patience...

Je lis chaque question l'une après l'autre. J'exprime mes réponses à haute voix pour en faire part aux autres membres du groupe. J'écoute les réponses de chacun d'eux.

- Quelles sont les situations durant lesquelles je dois attendre ?
- Quelles sont les situations durant lesquelles ça ne me dérange pas d'attendre ?
- Quelles sont les situations durant lesquelles je ne supporte pas d'attendre ? Qu'est-ce que je ressens alors ?
- En général, comment est-ce que je supporte ou tolère l'attente ? Plutôt bien, plutôt mal, ça dépend de mon humeur, autre possibilité... (je souligne ma réponse)

- Que faudrait-il que je fasse pour arriver à mieux supporter d'attendre ou tolérer l'attente ?

Les propositions suivantes pourraient-elles m'être utiles ?

Je n'ai pas fréquemment des réactions trop précipitées. Je ne « démarre pas au quart de tour ». Je ne parle pas plus vite que je ne pense. Je ne réagis pas trop vite. Je ne réagis pas trop fort. Je ne dis pas, tout de suite, tout ce que je pense comme je le pense. Je ne fais pas tout ce que j'ai envie de faire comme j'ai envie de le faire. Je n'agis pas tout de suite. Je ne m'énerve pas. Je me calme. Je prends mon temps. Je ne suis pas pressé.

- Ai-je déjà entendu les expressions suivantes ? À quoi me font-elles penser ?

« Tourner sept fois la langue dans sa bouche, avant de parler. »
« La parole est d'argent, mais le silence est d'or. »
« Tenir sa langue. »
« Le seul plaisir que j'ai connu dans la vie, c'est l'attente. »
« Tout vient à point à qui sait attendre. »
« Prendre son mal en patience. »
Est-ce que je connais d'autres expressions sur l'attente ?

Tout public – Difficile – 20 minutes – Sans préparation

Pour l'**exercice 55**, l'animateur peut d'abord proposer aux participants un certain nombre de mots autour du verbe attendre, pour donner tout de suite un aspect concret à l'exercice : salle d'attente, patience, être aux aguets, faire le guet, file d'attente, etc.

56 EXERCICE

Faire ou ne pas faire ? Dire ou ne pas dire ?

L'exercice consiste à organiser et à faire vivre un débat contradictoire entre les différents participants à l'atelier de parole : jeunes et animateurs. Il est en effet nécessaire que les animateurs s'impliquent dans le débat pour qu'il ait lieu.

L'objectif du débat contradictoire que vous allez organiser est de mettre les jeunes en situation explicite et extériorisée de gestion d'un conflit interne, personnel ou **intrapsychique** entre des positions contraires : J'AI ENVIE DE FAIRE OU DE DIRE ET JE DOIS FAIRE OU DIRE LE CONTRAIRE.

1) Vous allez organiser trois groupes de travail :
– un groupe représentant « J'ai envie » (groupe 1)
– un groupe représentant « Je dois » (groupe 2)
– un groupe représentant « Le choix à faire » (groupe négociateur). Ce groupe est composé du modérateur, du conciliateur et d'un animateur. Il sera amené à faire un choix parmi les différentes possibilités qui lui auront été présentées.
La présence dans l'un ou l'autre groupe est le fruit d'un tirage au sort préparé par les animateurs.

2) Vous allez organiser l'espace qui doit comprendre :
– un espace de travail pour chacun des trois groupes ;
– un espace central, triangulaire, pour réaliser le débat. Cet espace comprendra, à proximité, plusieurs chaises alignées en zone d'attente pour les personnes des groupes 1 et 2 qui demandent la parole. Elles viennent y attendre leur tour. La prise de parole n'est possible que de la place réservée à l'orateur, à côté du groupe négociateur. Car la prise de parole ne se fait pas, ne peut se faire à partir de sa propre place. Pour parler, il faut se déplacer.

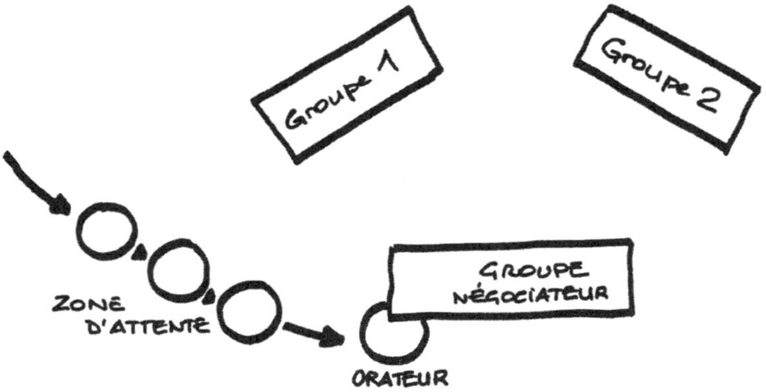

56 EXERCICE

3) Vous allez organiser les différents temps du débat :
Proposez une situation de **conflit intrapsychique** dans le cadre d'une histoire (simple ou plus complexe) comme : se lever le matin pour aller au collège ou au lycée ou rester dans son lit ; participer aux tâches de la maison ou ne rien faire à la maison ; fumer ou ne pas fumer ; boire de l'alcool ou ne pas boire ; travailler ou ne pas travailler....
La situation choisie peut faire l'objet d'un tirage au sort.
Le groupe 1 et le groupe 2 doivent chercher et trouver une argumentation conforme à l'identité du groupe. Le groupe négociateur se prépare à animer le débat et se répartit les rôles : le modérateur contrôle le déroulement du débat ; l'animateur demande des précisions, pose des questions aux intervenants. Le conciliateur présidera la prise de décision.
Le débat commence : le groupe négociateur présente le conflit. Un des participants des groupes 1 et 2 peut demander la parole en se déplaçant vers la zone d'attente. Chacun intervient dès que la place de l'orateur à côté du groupe négociateur se libère.
Les interventions durent aussi longtemps que les participants des groupes 1 et 2 demandent la parole.
Au terme des interventions, le groupe négociateur doit se concerter pour faire un choix réfléchi en tenant compte de ce qui a été dit tout au long du débat. Il exprime ensuite son choix devant les participants.

Public lycéen – Difficile – 35 à 40 minutes – Avec préparation

L'organisation physique du lieu de débat et le déroulement de celui-ci respectent les règles du débat démocratique et s'en inspirent. Lors du débat, les personnes n'interviennent ni directement, ni de leur place. Elles doivent aller se placer sur le banc des intervenants et attendre leur tour. Elles parlent ensuite depuis la tribune où se tient le groupe négociateur.

L'intérêt de ce débat est son organisation qui participe à la régulation des échanges. Il contraint les adolescents impulsifs à ne pas réagir dans l'immédiateté, ni à s'interpeller d'un espace à l'autre. Il est nécessaire que les animateurs prennent le temps d'expliquer l'organisation et le déroulement du débat, de simuler une expérimentation avant de lancer un réel débat contradictoire. Il est nécessaire aussi qu'ils soient eux-mêmes partie prenante de ce débat et qu'ils en respectent, avec conviction, les règles.

Le conflit intrapsychique se passe à l'intérieur de soi, le plus souvent sans que l'individu en ait clairement conscience.
Le conflit a lieu lorsque l'individu est aux prises ou tiraillé par des positions contraires, lorsqu'il doit choisir une position au détriment d'une autre. La résolution de ce conflit suit les règles de la résolution positive des conflits interpersonnels. Elle s'appuie sur la discussion, le débat argumenté, la négociation, la recherche d'un compromis entre soi et soi-même...

57 EXERCICE

Je me respecte, je prends soin de moi

Je lis les mots qui participent « au respect de soi » ou qui permettent de prendre soin de soi. Certains de ces mots me font penser à des situations, à des personnes, à des questions. J'échange, avec les autres membres du groupe ces réflexions.

Les besoins fondamentaux

Propreté corporelle

Propreté vestimentaire

Toilette quotidienne

Vêtements adaptés aux saisons, à la météo et aux activités

Transpirer, avoir trop chaud, avoir trop froid

Alimentation équilibrée

Petit déjeuner

Manger

Sucreries, télévision, jeux vidéo…

Déjeuner

Dîner

Boire

Repas réguliers, légers, variés

Boissons, produits excitants

Consommer avec modération

Les rythmes veille/sommeil

Régularité

Dormir

Habitude de vie

Calme

Prévention

Repos

Activités

Attention

Se protéger

Se soigner

Signaler

Se faire soigner

Être en bonne santé

Prendre conscience de ses symptômes psychiques : stress, angoisse, dépression…

Observer ses symptômes physiques

Tout public – Assez facile – 15 à 20 minutes – Sans préparation

Les mots et les expressions présentés dans l'**exercice** 57 ont pour fonction de faire émerger des paroles spontanées. Chacun énonce ce qui lui vient à l'esprit : le mot fait effet de sens en soi. Et chacun réagit sur les paroles d'autrui. Cet exercice peut amener les participants à s'éloigner du « respect de soi ». Ces digressions peuvent parfois permettre d'aborder des sujets qu'aucun exercice de parole n'aurait soulevés.

Mais certains adolescents en souffrance présentent des difficultés pour parler. Les animateurs ne se laissent pas troubler par ces blocages. Ils ne manquent pas de solliciter les réactions des jeunes : « Que pensez-vous de ce qui vient d'être dit ? »

EXERCICE 58

Le calme, qu'est-ce que ça veut dire pour moi ?

Pour répondre aux questions, j'entoure avec un crayon les mots et les expressions qui me conviennent, dans chaque liste, ou je cherche d'autres mots. J'échange mes réponses avec les autres membres de l'atelier de parole.

1) Quels sont les mots, les expressions qui évoquent pour moi le calme ?
Tranquille, paisible, en paix, serein, placide, apaisé, reposé, pacifique, doux, neutre, posé, flegmatique, sans-souci, insouciant, recueilli, inactivité, ne pas se laisser troubler, se contrôler, quiétude, détente, immobilité, lenteur, paralysie, etc.

2) Quelles sont les images qui évoquent pour moi le calme ?
L'eau d'un étang, l'atmosphère sans aucun souffle de vent, un enfant qui dort, une maison close, un cimetière, un désert, le silence, etc.

3) Comment est-ce que je procède pour me calmer, pour ramener le calme en moi quand je suis énervé, agité… ?
Mon corps ralentit son activité, diminue ses réactions, s'immobilise, se fige, se détend, se relaxe, se recentre, fait taire les sensations, etc.
Ma tête me motive pour m'arrêter, m'apaiser, me taire, me contrôler, me ralentir.
Ma tête me construit des images mentales paisibles. Elle me met mentalement à l'écart, à l'abri du bruit et du mouvement. Elle s'arrête de produire des images excitantes. Elle canalise mes émotions intenses et les met en sourdine, etc.
Je prends mes distances à l'égard des autres. Je ne me laisse pas influencer par l'agitation extérieure. Je ne fais plus attention aux autres, etc.

4) Certaines fois je n'arrive pas à me calmer. Quelles en sont les raisons ?
Je n'arrive pas à agir sur moi-même. Je suis trop énervé pour me calmer rapidement. Je n'ai pas vraiment envie de me calmer. L'état d'excitation dans lequel je suis me plaît. Je n'ai pas envie de me calmer, car je n'ai pas envie de faire plaisir à celui qui me le demande, etc.

Tout public – Très difficile – 1 semaine – Sans préparation

La principale difficulté de l'**exercice 58** repose sur le manque de visibilité, pour chacun d'entre nous, des compétences utilisées pour atteindre un état de calme satisfaisant et aussi sur le manque de vocabulaire pour énoncer ces compétences. Les quatre parties de l'exercice se réalisent l'une après l'autre, dans l'ordre proposé. Si nécessaire, l'animateur présente des exemples, des situations vécues pour illustrer les questions. Les échanges entre les participants doivent rester très concrets, chacun pouvant indiquer ses astuces, stratégies et manières de procéder pour se calmer.

EXERCICE 59

Je suis motivé, je suis démotivé

Je lis chaque affirmation. Est-elle plutôt vraie ou plutôt fausse pour moi ? J'échange mes réponses avec les autres participants de l'atelier de parole.

- On naît motivé ou pas motivé.
- On peut se motiver sans effort.
- La motivation dépend de soi.
- Se motiver, c'est expliquer, se donner des motifs, des raisons d'apprendre, des raisons d'agir.
- La motivation ne sert à rien.
- La motivation n'est pas innée.
- La motivation, c'est un désir de savoir, de faire, d'agir.
- Le « zappeur » n'est pas très longtemps motivé.
- Dans la vie, il est préférable de faire ce que l'on a envie de faire.
- La motivation se construit chaque jour. Elle n'est jamais définitivement acquise.
- Seules les personnes enthousiastes sont motivées.
- Il faut avoir en soi suffisamment de curiosité pour être motivé.
- Pour être motivé, il ne faut pas être fatigué.
- C'est plus facile de se motiver quand on est entouré de gens intéressants.
- Ce n'est pas à moi de me motiver.
- La motivation est un élan de vie.

Tout public – Assez facile – 15 à 20 minutes – Sans préparation

L'**exercice 59** contient diverses affirmations sur la motivation sous la forme de phrases entendues ou exprimées. Or, certaines représentations de la motivation véhiculées par quelques affirmations sont inadéquates, comme « on naît motivé ou pas motivé ». Lors de cet exercice, certains adolescents réfléchissent pour la première fois sur leurs représentations de la motivation. Et la mise en commun des appréciations (vraie ou fausse) des uns et des autres à l'égard d'une même affirmation leur permet d'interroger leurs convictions, sans se remettre en cause publiquement. L'animateur est particulièrement attentif à son comportement. Il ne cherche pas à faire changer d'avis l'un des participants qui exprime une position inadéquate sur la motivation.

Avant de clore l'exercice, l'animateur peut poser aux participants la question suivante : « Comment chacun d'entre vous fait-il, concrètement, pour se motiver ? Quand vous devez faire quelque chose que vous n'avez absolument pas envie de faire, comment vous y prenez-vous pour le faire quand même ? » Au même titre que les participants-jeunes, l'animateur peut exprimer ses propres difficultés et ses propres tentatives, sans les imposer comme un exemple à suivre.

Ce chapitre est particulièrement axé sur les compétences relationnelles en lien avec des situations concrètes. Il propose des exercices pour expérimenter certains savoir-faire et savoir-être de manière corporelle ou verbale. Les mêmes exercices corporels, notamment de gestion du stress, peuvent être réutilisés lors de chaque nouvelle rencontre de l'atelier de parole. Mais la réalisation des différents exercices ne s'accompagne pas nécessairement d'une appropriation immédiate de ces compétences dans la vie quotidienne.

chapitre 6

Développer le sens de la responsabilité et apprendre à mettre les lois et les règles en pratique

Dans une société où chacun est soumis à des messages multiples et parfois contradictoires, apprendre à choisir de manière réfléchie et assurée devient nécessaire pour préserver sa liberté et ne pas être malgré soi sous l'emprise de certaines influences.

Cet apprentissage passe par l'exercice de la responsabilité. Celle-ci se développe tout au long de la vie et particulièrement au cours de l'enfance et de l'adolescence. Le sens de la responsabilité n'est pas inné. Il s'acquiert de manière implicite au contact des autres et des situations, à condition que celui qui s'y exerce s'appuie sur ses expériences, sur ses réussites et sur ses erreurs pour réajuster ses réponses en fonction des conséquences de ses actes.

La responsabilité se construit en référence à un système de valeurs, à des normes juridiques, sociales et/ou philosophiques, à une morale. La notion de responsabilité sous-entend celle de l'erreur. « La personne serait d'autant plus responsable qu'elle a eu l'intention de commettre l'action qui conduit à l'erreur.[1] » La responsabilité se définit en fonction des conséquences d'un événement : conséquences imaginées préalablement à l'action ou vécues lorsque l'acte a eu lieu.

1. Martine Bouvard, *op. cit.*, p. 182.

La notion de responsabilité est étroitement liée à la question de la loi et de la règle et de leur mise en pratique. Respecter de son plein gré la loi et la règle passe par la construction d'une loi psychiquement intériorisée. Cette loi, symbolique, permet de distinguer les actes les uns des autres et de donner du sens aux lois juridiques, aux règles sociales et aux normes morales.

Le sens de la responsabilité se distingue nettement du sentiment de culpabilité. La responsabilité est la capacité de répondre de ses actes et/ou de ceux d'autrui (ou des autres). La conscience de son erreur est au cœur de l'exercice de la responsabilité. Elle est associée à l'idée de réparation. La culpabilité est un état lié à la conscience d'avoir commis une faute. La culpabilité produit des sentiments caractéristiques de remords, de regrets. La culpabilité est associée à des sanctions.

Les premiers exercices ont pour objectif de faire réfléchir les adolescents, par la parole et l'échange, sur la notion de responsabilité. Ils peuvent leur permettre d'expérimenter par la simulation mentale des savoir-être et des savoir-faire nécessaires à son appréhension : stimuler leurs capacités d'imaginer, de prévoir, de supporter les conséquences des actes qu'ils envisagent d'accomplir et les effets collatéraux de ces actes sur leur environnement.

Les autres exercices ont pour fonction de développer en chacun une représentation positive de la loi pour faire contrepoids à leurs représentations des lois souvent hostiles ou agressives et des règles qu'ils jugent trop contraignantes.

EXERCICE 60

**Devenir responsable, être responsable,
faire preuve de responsabilité... Quelle responsabilité !**

1) Je lis chaque phrase. Je m'approprie les définitions et les affirmations sur la responsabilité. J'en discute avec les autres participants de l'atelier de parole.

• Définition de la personne responsable : « Personne qui est tenue de répondre de ses actes ou, dans certains cas, de ceux d'autrui. Personne qui est sérieuse, qui réfléchit aux conséquences de ses actes. » (Dictionnaire Hachette)

• Définition de la responsabilité civile : « Obligation de réparer les dommages que l'on a causés à autrui de son propre fait ou de celui de personnes, d'animaux, de choses dont on est responsable. » (Dictionnaire Hachette)

EXERCICE 60

• Définition de la responsabilité civile, dans le code civil :
Article 1382 : « Tout fait quelconque de l'homme, qui cause à autrui un dommage oblige celui par la faute duquel il est arrivé, à le réparer. »
Article 1383 : « Chacun est responsable du dommage qu'il a causé non seulement par son fait, mais encore par sa négligence et son imprudence. »
Article 1384 : « On est responsable non seulement du dommage que l'on cause par son propre fait, mais encore de celui qui est causé par le fait de personnes dont on doit répondre, ou de choses que l'on a sous sa garde. »
• Définition de responsabilité pénale : « Obligation de subir la peine prévue pour l'infraction dont on est l'auteur ou le complice. » (Dictionnaire Hachette)
• Affirmation de Jean-Paul Sartre « On ne fait pas ce que l'on veut et cependant on est responsable de ce que l'on est. »
• Affirmation d'Emmanuel Mounier : « L'homme libre est un homme que le monde interroge et qui répond : c'est l'homme responsable. »

2) Maintenant, je lis chaque question. J'y réponds en m'appuyant, si nécessaire, sur les mots écrits sous la question. Je discute mes réponses avec les autres participants de l'atelier de parole.
• Devenir responsable, être responsable, qu'est-ce que c'est pour moi ?
Accepter ses erreurs, reconnaître ses intentions, choisir de faire ou ne pas faire, assumer les conséquences, répondre de ses actes, se sentir concerné, être impliqué, envisager, analyser, prévoir, évaluer, réparer…
• De qui suis-je responsable ?
De moi, de l'autre, des autres, des choses, des biens, des animaux….
• De quoi suis-je responsable ?
De mes actions, paroles, pensées. De ce que je fais, dis, pense. De ce que fait, dit autrui. Des événements…
• Devant qui suis-je responsable ?
Les parents, les autres, la société, les institutions (la justice, l'école), moi-même…

3) Puis-je faire miennes les affirmations suivantes sur la responsabilité dans la vie quotidienne ? J'en discute avec les autres.
• Je dois m'assurer que je ne mets pas les autres en danger par mes actions.
• Je dois pouvoir prévenir les accidents si je prends suffisamment de précautions.
• Je dois considérer tous les avantages et les inconvénients avant de prendre une décision.
• Habituellement je réfléchis avec soin avant d'entreprendre quelque chose.

Public lycéen – Difficile – 15 à 20 minutes – Préparation : se familiariser avec la notion de responsabilité

Les animateurs préparent l'**exercice 60** en cherchant à illustrer par des exemples les affirmations et les questions proposées. Ils introduisent l'exercice par une série d'expressions : « Devenir responsable, être responsable, faire preuve de responsabilité, avoir le sens de ses responsabilités, répondre de quelqu'un… Qu'est-ce que cela veut dire pour chacun de nous en ce moment ? »

Dans la première partie de l'exercice, la définition de la responsabilité dans le code civil est complexe. La réflexion sur ces phrases est à réserver aux jeunes des classes de première et terminale.

Cet exercice a pour fonction de donner une visibilité concrète au terme « responsabilité », qui est souvent un concept abstrait, difficile à imaginer. Il s'agit d'amener les jeunes, par la parole et les échanges, à percevoir ce que signifie concrètement ce concept, mais aussi à l'illustrer le plus souvent possible à l'aide d'exemples vécus.

Les compétences à mettre en œuvre pour exercer sa responsabilité sont proposées dans les exercices 61 et 62. Les animateurs peuvent choisir l'un ou l'autre. Le premier se centre sur « imaginer et prévoir », le second sur « imaginer et assumer ».

EXERCICE 61

Ce que j'ai envie de faire : une affaire de responsabilité

• Je regarde le dessin : qu'est-ce que je vois ? Que représente-t-il ?

Percevoir
Entrevoir
Imaginer
Prévoir

• Je réponds ensuite à la question : à court, à moyen et à long termes, quels pourraient être les conséquences ou les effets collatéraux de ce que j'ai envie de faire ? Je laisse d'abord mon imagination vagabonder pour identifier trois actes que j'aurais envie de faire, dans le cadre personnel ou familial, dans le cadre scolaire et dans un autre cadre.

• Si je réalisais chacun de ces actes, que pourrait-il se passer, tout de suite et plus tard, pour moi, pour ma famille, pour mon entourage ?
Avant de répondre, j'imagine toutes les possibilités, je prévois les conséquences pour chacune d'elles…

Public lycéen – Difficile – 20 minutes – Préparation : se familiariser avec les notions présentées

Lorsque les animateurs présentent l'**exercice 61**, ils en indiquent le titre ou l'objet. Ils laissent d'abord les participants-jeunes se l'approprier pour découvrir ce qu'ils peuvent en faire. Le dessin proposé évoque les ronds que fait le caillou lancé dans l'eau, quelques moments après sa chute. Ces ronds représentent les effets collatéraux ou les conséquences de l'acte que l'on aurait envie de faire. Ces effets peuvent s'exprimer à court terme, mais aussi à moyen et long termes.

L'animateur accompagne le déroulement de l'exercice. La deuxième étape de l'exercice consiste à évoquer, à décrire des actes (sous forme de situation, de parole, de conduite) produits par l'imagination ou le désir et que l'on aimerait faire. Au cours de la troisième étape, chaque participant imagine, recherche, prévoit les conséquences possibles de chaque acte présenté. Les autres participants peuvent apporter leur propre contribution en présentant des effets qui n'auraient pas encore été énoncés.

Durant la troisième phase de l'exercice, les conséquences ou effets collatéraux de chaque acte sont d'abord énumérés. Ils peuvent être ensuite qualifiés sur le plan moral et juridique.

L'**exercice 62** est semblable, dans sa forme, à l'exercice 61. Les animateurs le présentent aux participants de la même manière que l'exercice précédent. Mais il s'en différencie, car il est centré sur les manières d'assumer ou de ne pas assumer les conséquences de ses actes. L'exercice porte sur la responsabilité et non sur la culpabilité. Cela signifie que l'accent va être mis, ici, sur la réparation et non sur la sanction. Si l'acte présenté est illégal, l'animateur énonce aux participants que cet acte engage la responsabilité et la culpabilité de son auteur. Il précise, au cours de l'exercice, que les conséquences de cet acte sont exclusivement entrevues sous l'angle de la responsabilité.

EXERCICE 62

Ce que je fais : une affaire de responsabilité

• Je regarde le dessin : qu'est-ce que je vois ? Que représente-t-il ?

Percevoir,
Supporter,
Assumer,
Accepter,
Se culpabiliser,
Réparer,
« Rebondir »
Se valoriser

• Je réponds ensuite à la question : à court, à moyen et à long termes, quels sont les conséquences ou les effets collatéraux de ce que je fais ?
Je choisis d'abord une situation où je me suis senti fier de moi.
Je choisis ensuite une situation au cours de laquelle j'ai été très mal à l'aise.
Que s'est-il passé, qu'aurait-il pu se passer, tout de suite et plus tard, pour moi, pour ma famille, pour mon entourage ?
Je décris les conséquences qui ont eu lieu, j'imagine les effets qui auraient pu avoir lieu.
Ai-je accepté les conséquences de mes actes ? De quelles manières les ai-je assumées ?

Public lycéen – Difficile – 20 minutes – Préparation : se familiariser avec les notions présentées

EXERCICE 63

Je me construis un système de valeurs

Le système de valeurs dont il est question dans cet exercice ne concerne pas les valeurs financières, ni les objets de valeur. Mais il concerne les principes, les qualités auxquels j'accorde de la valeur.

• Je réfléchis, avec les membres du groupe, aux questions suivantes.
Qu'est-ce qui a de la valeur à mes yeux ?
Quel est l'idéal, quels sont les idéaux auxquels je crois ?
À quoi est-ce que je tiens ?
Qu'est-ce qui est important pour moi ?

• Pour répondre à ces questions, je cherche un acte, une parole, une situation ou un événement qui est à mes yeux :

LÉGAL :	ILLÉGAL : ....
BON :	MAUVAIS : ....
LÉGITIME :	ILLÉGITIME : ....
JUSTE :	INJUSTE : ....
BEAU :	LAID : ....
ADMIRABLE :	EFFROYABLE : ....

Je choisis un exemple dans mon environnement personnel.
Je choisis un exemple dans mon environnement social.
Je choisis un exemple dans l'environnement international.

Tout public – Assez difficile – 20 minutes – Préparation : se familiariser avec les notions présentées

La responsabilité individuelle et collective s'appuie sur un (ou des) système(s) de valeurs. L'**exercice 63** participe à la visibilité du système de valeurs ou de références de chaque participant. Système sur lequel chacun s'appuie pour différencier, hiérarchiser, ordonner les actes les uns par rapport aux autres. La construction de ce système de valeurs est indispensable pour se positionner par rapport aux autres, pour exprimer et faire des choix, pour définir des priorités dans sa vie, etc.

Les animateurs peuvent être amenés à proposer des listes d'actes, d'événements ou de situations quand les participants-jeunes présentent des difficultés pour évoquer des exemples. Les animateurs ne portent pas de jugements de valeur sur les qualifications choisies par les participants. Les animateurs sollicitent les participants pour qu'ils argumentent, dans la mesure du possible, leurs choix.

EXERCICE 64

Ce que j'ai envie de faire et ce que je fais sont une affaire de responsabilité

• Je lis et je me représente le déroulement de l'histoire. J'imagine la suite de l'histoire.

J'imagine, je vois la rue d'une ville. Elle est bordée de chaque côté par des maisons et des boutiques. De nombreux passants circulent sur les trottoirs des deux côtés de la rue. Des voitures stationnent d'un côté. Actuellement, il n'y a pas de place pour stationner. Dans la rue circule une file ininterrompue de voitures, car la scène se passe à un moment de forte affluence, vers 17 heures. La rue est à sens unique, car entre les voitures qui stationnent et celles qui circulent, il n'y a pas de place pour doubler ou se croiser.
Tout à coup une voiture s'arrête au milieu de la chaussée, juste devant la boulangerie. Une dame âgée sort de la voiture, côté passager. Lentement et péniblement elle se dirige vers la porte de la boulangerie. La voiture reste immobile. Le chauffeur attend.

Que se passe-t-il, que peut-il se passer ensuite ?

• J'imagine, je vois et j'entends, d'abord les conséquences objectives ou les effets visibles sur :
– la circulation des voitures ;
– les automobilistes qui suivent ce véhicule ;
– les passants ;
– le conducteur de la voiture arrêtée, sa passagère.

• J'imagine les conséquences subjectives ou les effets invisibles :
– Que pensent les spectateurs qui regardent cette scène ?
– Que pensent les personnes qui subissent cette scène ?
– Que pensent les personnes qui sont responsables de cette scène ?

Public collégien (6e) – Assez facile – 10 minutes – Préparation : se familiariser avec les notions présentées

L'**exercice 64** est une autre variante de l'exercice 61. Il peut être proposé à des enfants ou à des préadolescents. Il aborde la question de la responsabilité de manière ludique à travers une histoire de la vie quotidienne. Les animateurs peuvent choisir d'autres histoires. L'objectif de cet exercice est de solliciter l'imagination des enfants et de les faire parler ensemble sur les conséquences possibles de l'acte qui a eu lieu ; conséquences envisagées du point de vue de chaque personnage de l'histoire.

EXERCICE 65

Exercer concrètement sa responsabilité (exercice corporel)

Les animateurs proposent aux participants-jeunes une action à réaliser immédiatement (sans précipitation) sous le regard des autres. Durant le temps de l'exercice, le jeune va être responsable de quelque chose. Il doit en prendre soin. Il doit y faire attention. Toute erreur coûte un point. Le score le plus faible exprime un bon niveau de responsabilité.
Exercice possible : le jeune est responsable d'un objet encombrant, en volume et en taille, mais peu lourd, comme un gros carton, une échelle, etc. Il doit pouvoir le porter pour le transporter d'un point à un autre, comme d'une salle à une autre en passant par un couloir assez étroit. Il doit prévoir et préparer son passage avec l'objet sans le cogner, ni se cogner à quoi que ce soit, ne serait-ce que légèrement. L'enfant doit donc imaginer, anticiper, ralentir, évaluer, adapter ses gestes, recommencer pour arriver à réaliser l'exercice sans erreur.

Public de jeunes collégiens (6e) – Assez difficile – 15 minutes – Préparation nécessaire

L'**exercice 65** s'adresse, dans sa forme, à des préadolescents plutôt qu'à des adolescents. Il met en œuvre des savoir-faire utiles en situation de responsabilité : imaginer, prévoir, recommencer en s'appuyant sur ses erreurs, sans les répéter, mais en changeant son comportement.

L'**exercice 66** a pour but d'apprendre à différencier deux activités psychiques différentes : le travail mental lié à la responsabilité et le travail mental lié à la culpabilité. La responsabilité se distingue de la culpabilité. La responsabilité, c'est la capacité de prévoir, d'assumer les conséquences de ses actes en toute conscience. C'est aussi la capacité d'apporter des réponses face à certaines situations. La culpabilité est un état affectif, émotionnel en lien avec des actes perçus comme des fautes ou des infractions pénales. Les émotions associées à la culpabilité sont : le regret, le remords, la honte, le mal-être, le reproche…

La cinquième série de questions a pour but de réfléchir sur la notion de conscience. La conscience s'exprime souvent de manière agressive ou méchante à l'égard de soi-même, lorsque nous avons transgressé un interdit ou commis une faute. Cette attitude agressive est assez mal tolérée par chacun de nous. Nous avons alors tendance à mettre en place, en nous-même, des mécanismes de défense pour nous protéger de notre conscience et ne pas nous sentir coupable. La question « Qu'est-ce que je fais pour me protéger de ma conscience ? » peut permettre de mettre au jour les mécanismes de défense que nous utilisons. Le déni (Je n'ai rien fait), la banalisation (Tout le monde le fait), les rationalisations (Je l'ai fait parce que…), la valorisation (Je suis fier d'avoir fait…), etc.

66 EXERCICE

Responsable, mais pas coupable

Je lis les phrases. Je réponds aux questions posées. Je discute de responsabilité et de culpabilité avec les autres participants de l'atelier de parole.

1) J'apprends à distinguer responsabilité et culpabilité.
La responsabilité, c'est ……………………………………………………………
La culpabilité, c'est ……………………………………………………………

2) Qu'est-ce que je ressens quand je me sens coupable ?

3) Dans quelles situations dois-je me sentir responsable et coupable ?
Dans quelles situations dois-je me sentir seulement responsable ?

4) Que penser des personnes qui se sentent toujours coupables et qui pourtant ne posent pas des paroles ou des actes illégaux ou injustes ?
Que penser des personnes qui ne se sentent jamais coupables, y compris quand elles posent des paroles ou des actes illégaux ou injustes ?

5) En quel état est ma conscience ?
La conscience, à quoi ça sert ?
Qu'est-ce que je ressens (ou comment est-ce que je réagis) quand je pose un acte interdit par la loi ?
Qu'est-ce que je ressens (ou comment est-ce que je réagis) quand une personne devant moi pose un acte interdit — interdit que je respecte moi-même en général ?
Qu'est-ce que je me dis, qu'est-ce que je fais pour ne pas me sentir coupable, quand ma conscience me fait des reproches ?

Public lycéen – Assez difficile – 20 minutes – Préparation : se familiariser avec les notions présentées

L'**exercice 67** aborde la question : « Quel est le sens de ma vie ? » Il approche les représentations que chacun a ou se fait de sa propre existence. Le document utilise des métaphores, des images pour mettre en évidence différentes manières de vivre. Chaque image approche de manière concrète une certaine façon de penser sa vie : comme une fleur au bord de l'eau, un gros caillou planté dans le

EXERCICE 67

Quelle est la vie que je désire ou que je voudrais mener ?

• Je regarde les différents dessins, je lis les différents mots. Je réponds ensuite à la question : la vie est un long fleuve, dans lequel je pourrais être… ? J'inscris ou je dessine, dans les derniers cadres vides la (ou les) manière(s) de vivre ma vie.
• J'échange ensuite ma conception (ou mes) conception(s) de la vie avec les autres participants de l'atelier de parole.

Agir
Subir
Choisir
Profiter
Donner
Obéir
Recevoir
Être solidaire
Être passif
Résister
Attendre
Regarder
Impliquer
Motiver
Participer
Assumer
Zapper
Ne rien faire
Changer
Avoir des projets
Faire le dos rond
Se mettre en avant
Prendre des risques
Se laisser porter
Ramer à contre-courant
Donner du sens à sa vie

Tout public – Assez difficile – 15 à 20 minutes – Sans préparation courant, un poisson qui nage à contre-courant, un poisson qui nage dans le courant, un tronc d'arbre planté au bord de la rivière, un tronc d'arbre dans le courant. L'animateur accompagne les participants pour qu'ils transposent ces images dans l'existence humaine.

Les trois derniers cadres sont vides pour laisser aux participants un espace où ils dessinent ou écrivent leur propre manière de penser leur vie ou la vie.

Cet exercice est important car il permet de se pencher sur une question essentielle, une question symbolique : « La vie a-t-elle un sens, du sens ? Pourquoi est-ce que je vis ? Vivre, est-ce que ça sert à quelque chose ? Comment est-ce que j'envisage de vivre ? »

Les adolescents ont assez peu l'habitude d'aborder ces questions avec des adultes. Il est souhaitable que les animateurs se positionnent en « témoins » et essayent d'exprimer leurs propres convictions ou représentations de la vie, de leur vie.

Lors de la préparation de l'**exercice 68**, les animateurs choisissent au préalable des exemples pour les suggérer ensuite, si nécessaire, aux participants-jeunes. L'exercice doit rester très concret. Il se réalise en plusieurs temps successifs. Le premier temps porte sur la mise au jour du goût, du désir, de l'habitude… le plus important pour chaque jeune. C'est en s'appuyant sur ces goût, désir, cette habitude… que l'exercice se poursuit pour rechercher les différentes sources qui ont influencé l'élaboration de ces goût, désir, cette habitude : d'où provient-il ?

Cet exercice approche la question de la construction de soi à travers les attitudes d'imitation ou de conformisme à l'égard d'un individu ou d'un groupe. Il a pour fonction de repérer la puissance des influences auxquelles chacun est soumis. Au cours de la discussion, les animateurs peuvent introduire les notions de liberté, de choix, de non-conformisme, de résistance, de singularité, etc.

68 EXERCICE

Suis-je sous influence ?

Je suis convaincu que mes manières de faire (parler, m'habiller, me coiffer, marcher, me nourrir, acheter, écrire…) sont tout à fait personnelles et uniques.
Je suis convaincu que mes goûts (alimentaires, musicaux, vestimentaires…) sont tout aussi personnels.
Or ils sont le résultat de plusieurs influences.
Je vais essayer de remonter à la source de mes goûts, habitudes, manières de faire. D'où viennent-ils ?

1) J'évoque par exemple :

- un de mes goûts : ....
- un désir d'objet à acquérir : ....
- une de mes habitudes : ....
- une manière de faire, de m'habiller, de me coiffer : ....
- une idée à laquelle je tiens : ....
- un projet important pour moi : ....

2) D'où provient-il initialement ? De qui est-ce que je le tiens ?
Qui m'en a donné l'idée ?

la famille	la télévision	la publicité	un(e) ami(e)
une vedette	un copain / une copine	la presse	l'école
un magasin	un groupe de copains	etc.	

3) Que faire, quelle attitude choisir face aux influences, aux tentations, aux pressions sociales… ?
Se conformer / Ne pas se conformer
Accepter, subir / Refuser
Faire comme les autres / Ne pas faire comme les autres
Ignorer / Résister, choisir de se singulariser
Aimer être semblable aux autres / Aimer être différent des autres, se démarquer
Etc.

Tout public – Difficile – 20 minutes – Préparation : se familiariser avec les notions présentées

69 EXERCICE

Savoir se dire non !

Je regarde successivement les deux dessins présentés ci-dessous. Je réponds ensuite aux questions. J'en discute avec les autres membres du groupe.

Qui suis-je sans loi ? Mes envies me mènent par le bout du nez.

Que serait une loi… qu'aucune voix n'ait suggéré de transgresser ?

Que faire ? Comment résister à mes envies, mes désirs ?
Comment m'empêcher, ne pas m'autoriser ? Comment me dire non ?
Comment me refuser quelque chose ?

En quelles occasions, en quelles circonstances est-il souhaitable ou nécessaire que je me pose des limites ?

Tout public – Difficile – 20 minutes – Préparation : se familiariser avec les notions présentées

L'**exercice 69** a pour fonction de développer les capacités mentales du jeune pour tolérer les envies, les désirs qui l'habitent sans, pour autant, les satisfaire dès qu'ils se présentent dans le psychisme. Il a aussi pour objectif d'apprendre à distinguer la tentation de la transgression. En effet, les désirs illégaux soumettent chacun à un conflit interne, sous la forme de la tentation entre deux positions contraires : obéir à la loi ou obéir à son désir. Ces tentations sont inévitables et nécessitent de gérer le conflit, au mieux des exigences sociales ou juridiques. Une gestion réussie de ce conflit permet d'éviter de transgresser la loi.

Les animateurs laissent les jeunes parler sur les images et les accompagnent en participant aux échanges. Ils apportent leur propre témoignage et ne portent pas de jugement de valeur sur ce qui est dit par les participants-jeunes.

EXERCICE 70

L'Internet et moi : à consommer avec modération !

1) Quelles questions dois-je garder à l'esprit lorsque je navigue sur l'Internet, pour ne pas devenir cyber-dépendant ?

Suis-je capable à tout moment de choisir d'éteindre l'ordinateur ?
Suis-je capable de quitter un monde qui continue de vivre sans moi ?
Quand je me déconnecte de l'Internet, quelle est l'intensité de la frustration que je ressens ?

INSUPPORTABLE

FRUSTRATION

FRUSTRATION

FRUSTRATION

FRUSTRATION

FRUSTRATION

FRUSTRATION

LÉGÈRE

2) Comment est-ce que je fais concrètement pour arriver à éteindre l'ordinateur ?

Suis-je capable à tout moment de cesser les contacts tissés sur l'Internet, sans me sentir seul, abandonné, isolé ou mécontent ?
À partir de quelle durée, ma consommation d'Internet me fait-elle perdre en relation et en communication avec les autres ?

Tout public – Difficile – 20 minutes – Préparation : se familiariser avec les notions présentées

L'**exercice 70** a pour objectif de parler et de faire parler les participants sur leurs relations avec l'Internet dans le cadre familial. Que font-ils sur la toile, comment naviguent-ils, comment gèrent-ils leur rapport à l'Internet[2], comment leurs parents réagissent-ils… ? Les animateurs peuvent utiliser aussi des documents préparés par l'UNAF[3] sur l'ère du numérique et le téléphone mobile pour faire parler les jeunes.

EXERCICE 71

Jeu des statues ou comment garder le contrôle de soi, sous le regard des autres

Cet exercice corporel est parfois réalisé par des comédiens dans l'espace social de la rue. Un comédien se fige, se pétrifie dans une posture, il donne l'impression aux passants d'être une statue.
L'exercice est proposé aux jeunes de la manière suivante :
« Vous allez vous installer dans la salle, à un endroit choisi par vous, et dans une posture suffisamment confortable pour que vous puissiez la tenir pendant plusieurs minutes. Vous allez vous figer, vous « pétrifier » dans cette posture et la garder pendant tout le temps de l'exercice. Il faut que vous donniez l'impression d'être une véritable statue. Les animateurs sauf un (ou deux) vont participer aussi à l'exercice. Lorsque chacun de vous sera devenu une statue, l'animateur (ou les deux animateurs) passera devant vous, vous regardera avec insistance et vous ne devrez pas réagir, ne pas vous laisser troubler par ses regards, ses attitudes, ses éventuels commentaires. »

Tout public – Assez facile (ludique) – 10 minutes – Préparation : se familiariser avec l'exercice

Lorsque la consigne de l'**exercice 71** est énoncée, il est souhaitable, avant de commencer l'exercice, que les animateurs discutent avec les participants-jeunes pour leur permettre de chercher et de trouver les savoirs-faire nécessaires pour réussir l'exercice : contrôle de soi, centrage sur soi, se fermer aux autres, figer son regard, alléger sa respiration, etc.

L'attitude des animateurs, passant devant chaque jeune-statue, n'est jamais ironique.

3. Les questions de l'exercice sont empruntées à Jérôme Cottin et Nicolas Bazin dans leur livre *Vers un christianisme virtuel*, Labor et Fides, 2003.
2. L'UNAF a édité, notamment, *La Parentalité à l'ère du numérique*. Ces documents, gratuits, peuvent être commandés en nombre sur le site www.unaf.fr

EXERCICE 72

J'invente un contrepoids, un contre-chant

Je connais de nombreux messages publicitaires. Aujourd'hui, je vais en inventer moi-même. Je n'ai pas pour objectif de vendre un produit. Je vais m'exercer à trouver un message qui exprime le contraire du message publicitaire.
Je peux chercher et trouver ces messages en m'exerçant seul ou avec les autres participants à l'atelier de parole.

1) Je commence par prendre connaissance des exemples ci-dessous :

Publicité pour des bonbons : « J'ai envie, je prends. Je les vois, je les veux. »
Contre-chant : « Tout vient à point à qui sait attendre. » (proverbe)

Publicité pour un journal : « On ne sait rien quand on ne sait pas tout. »
Contre-chant : « Je ne sais qu'une chose, c'est que je ne sais rien. » Socrate

Publicité pour une méthode d'apprentissage des langues : « Soit je réussis, soit ils me remboursent. »
Contre-chant : « Travaillez, prenez de la peine. » La Fontaine

2) Je cherche maintenant les messages contraires aux messages publicitaires suivants, sous forme de contre-chant ou de contrepoids.
Je peux aussi choisir d'autres messages publicitaires.

Publicités pour des vêtements : « Deviens ce que tu es. »
« La mode me suit, donc je suis. »

Publicité pour une glace alimentaire : « Je t'en donnerai, quand j'aurai fini. »

Publicité pour une chaîne de magasins : « La plupart des baisers s'achètent à Monoprix. »

Publicité pour un produit : « Pourquoi résister au plaisir, cultivez vos envies ! »

Publicité pour le Cybermarché : « Oui c'est de la paresse, et alors ! »

Tout public – Assez facile – 20 minutes – Préparation : se familiariser avec les notions présentées

L'**exercice 72**, exercice de créativité peut se réaliser aussi avec des documents filmés, comme un journal télévisé. Après avoir visualisé le document, les participants-jeunes doivent essayer de faire contrepoids aux informations vues, lues et entendues, soit :

– en relativisant les informations, en les situant dans un contexte plus large ;

– en exprimant les émotions, sensations, réactions ressenties au fur et à mesure de la projection du document ;

– en apportant une ou des informations contraires aux informations présentées.

EXERCICE 73

Que dire de la loi ?

• Je lis, avec les autres participants du groupe, les affirmations suivantes. Suis-je plutôt d'accord avec chaque affirmation, ou plutôt pas d'accord ? J'en discute avec les autres en argumentant ma position.

– Il ne suffit pas de connaître les lois et les règles pour les mettre en pratique.
– La loi ou la règle sont plus difficiles à respecter qu'à transgresser.
– Nul n'est censé ignorer la loi.
– La loi est une parole donnée à chacun, et qui parle au cœur de celui (de celle) qui désire l'entendre et la mettre en pratique.
– L'interdit est une parole entre les humains, un contrat partagé pour vivre ensemble.
– Comme tous les humains, je suis soumis aux lois qui m'ont été transmises par d'autres.
– Aucun humain ne fait les lois à lui tout seul, sauf le pervers.
– Je crois que la loi est autoritaire parce que je la confonds avec la voix de ma conscience. Mais la loi n'est pas ce que je crois. Elle est une parole impersonnelle…
– Je suis libre avec la loi et pas sans la loi. La loi me donne à choisir entre deux actions : faire ou ne pas faire.
– Sans la loi, je n'ai pas de choix. Je fais toujours ce qui me passe par la tête et le corps.

• Je choisis parmi ces phrases celle qui me parle le plus. Je peux aussi construire, inventer ma propre phrase sur la loi.

• Je résous la devinette suivante : quelle est la loi sociale que je respecte sans savoir que c'est une loi, dont je me sers à longueur de journée et dont je ne peux absolument pas me passer ?

Tout public – Assez difficile – 20 minutes – Préparation : se familiariser avec les notions présentées

L'**exercice 73** participe à la construction en chacun d'une loi symbolique ou loi intériorisée. La série de phrases sur la loi, qui est ici proposée, a pour fonction d'animer une discussion entre les participants de l'atelier de parole.

L'exercice peut être précédé par un remue-méninges, présenté par l'un des animateurs : « Quand je vous dis le mot *loi*, à quoi pensez-vous ? » Il peut être intéressant de noter sur un tableau ce que les jeunes disent, et de séparer les mots en deux colonnes suivant que le mot a une connotation juridique (comme police, justice, prison…) ou une connotation symbolique, générale ou morale (comme devoir, contrainte, règle…).

La devinette a pour réponse : les lois du **langage**.

Le langage est régi par les lois de la phonétique, de la grammaire, de l'orthographe, de la ponctuation, etc.

EXERCICE 74

Qui suis-je sans lois, sans règles ?

Je regarde les différents dessins présentés ci-dessous[4]. J'exprime mes réactions à propos de chaque image. J'en parle avec les autres membres du groupe.

« Je ne suis plus <u>un</u> parmi les autres »

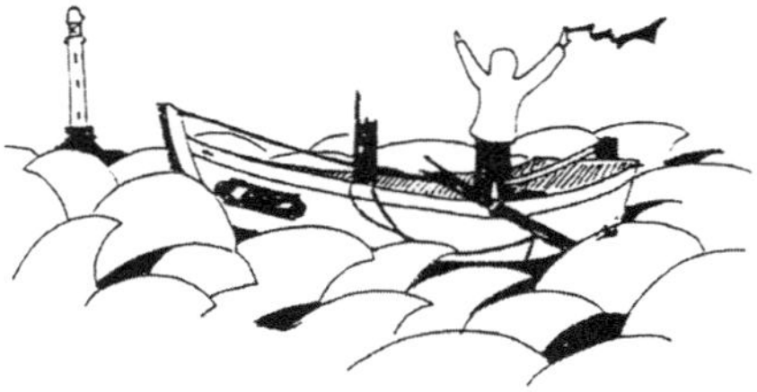

Je suis un voilier, sans mât ni voile,
balloté sur un océan déchaîné.

Moi, Moi, Moi, Moi, Moi, Moi, Moi, Moi, Moi, Moi, Moi, Moi, Moi, Moi,
Moi, Moi, Moi, Moi, Moi, Moi, Moi, Moi, Moi, Moi, Moi,
Moi, Moi, Moi, Moi, Moi, Moi, Moi, Moi, Moi,
Moi, Moi, Moi, Moi, Moi, Moi, Moi, Moi,
Moi, Moi, Moi, Moi, Moi, Moi, Moi,
Moi, Moi, Moi, Moi, Moi, Moi,
Moi, Moi, Moi, Moi, Moi,
Moi, Moi, Moi, Moi, Moi,
Moi, Moi, Moi, Moi, Moi,
Moi, Moi, Moi, Moi,

Rien que Moi

aMuotrie

Moiestl'autre

Moi je ne vois pas l'autre,
Moi je ne l'entends pas

Je suis dans le brouillard…
… les différences n'existent plus

mort = vie

vrai = faux

légal = illégal

amour = haine

injuste = juste

« la réalité et le mensonge c'est la même chose »
extrait d'une interview d'un jeune imineur ncarcéré dans une Maison d'Arrêt

Tout public – Assez facile – 20 minutes – Préparation : se familiariser avec les notions présentées dans les images

4. Les dessins proposés font partie de l'exposition *Être libre avec la loi,* créée par l'association « temps de Rencontre, temps de Parole ».

L'**exercice 74** approche les fonctionnements psychiques de l'humain quand il est dans son état initial, durant les premiers mois de son existence.

Sans loi, l'individu n'est plus relié aux autres, il n'est plus « un parmi les autres ». Dans les sociétés traditionnelles, l'individu qui a transgressé les lois et a mis en danger la collectivité ou un autre individu par son comportement est exclu du village, chassé hors les murs protecteurs de la cité.

Sans loi, l'individu ne se différencie plus de l'autre « Moiestl'autre ». Il refuse et nie les différences entre lui et l'autre. Il peut disposer de la vie, des biens de l'autre quand il en a envie.

Sans loi, les actes deviennent tous équivalents « mort = vie ». Le psychisme à l'état initial n'a pas de système de valeurs : le bien et le mal n'existent pas. Toutes les pulsions de vie ou de mort, tous les désirs sont équivalents.

Sans loi, l'humain est comme un « voilier, sans mât ni voile, ballotté sur un océan déchaîné ». Il est soumis à l'emprise de ses pulsions qui exigent d'être immédiatement satisfaites dès qu'elles se font entendre dans le psychisme.

Sans loi, il n'y a que l'individu (Moi) qui compte. L'autre n'existe pas, « je ne le vois pas, je ne l'entends pas ».

Les différentes images font réagir les spectateurs. Elles offrent des occasions de parole, d'échange entre les participants. Elles permettent d'approcher ou d'entrevoir ce que serait un humain sans loi.

EXERCICE 75

Je distingue les actes les uns des autres dans l'espace scolaire

• Je recherche, avec les autres membres du groupe, des paroles, des actes ou des situations qui se produisent dans l'établissement scolaire.
Nous faisons une liste écrite de paroles, actes ou situations qui doivent s'y passer et de paroles, actes ou situations qui ne doivent pas s'y passer. Nous devons ensemble arriver à lister quinze ou vingts faits différents. Nous numérotons chaque fait de 1 à 15 ou à 20.

• Je regarde le cadre qui est proposé ci-après. Pour le comprendre, je lis la suite du paragraphe.
À l'intérieur du cadre, il y a au centre, dans le petit carré, les faits qui doivent se produire dans l'établissement, ceux qui sont conformes au règlement et aux lois. *Ces faits sont légitimes et légaux.*
Entre la limite du petit carré et la limite du plus grand rectangle, il y a les faits qui ne devraient pas se produire car ils sont contraires au règlement de l'établissement,

comme : parler en classe pendant le cours, arriver en retard en classe… *Ces faits transgressent les règles.* Ils sont PEU GRAVES ou GRAVES.
Au-delà du plus grand rectangle, il y a les faits très graves qui ne doivent absolument pas se produire car ils sont contraires à la loi. Ils sont sanctionnés par le Code Pénal. *Ces faits sont des infractions aux lois.* Ce sont des CONTRAVENTIONS, des DÉLITS, des CRIMES.

• Je vais maintenant remplir le cadre avec les quinze ou vingt faits dont j'ai la liste. Pour chaque fait contenu dans la liste réalisée tout à l'heure, je me pose la question suivante : ce fait est-il légitime et légal ou transgresse-t-il les règles, ou est-il une infraction aux lois ?
Si, d'après moi, il est légitime et légal, j'inscris son numéro dans le petit carré au centre du cadre.
Si, d'après moi, il transgresse les règles, je me pose, avant de l'inscrire, la question suivante : selon moi est-il grave ou peu grave ? S'il est grave, j'inscris son numéro dans la partie « Transgressions des règles graves ». S'il est peu grave, j'inscris son numéro dans la partie « Transgressions des règles peu graves ».
Si, d'après moi, il est une infraction aux lois, j'inscris son numéro dans la partie au-delà du plus grand rectangle : à côté de « Crime » s'il est vraiment très grave, à côté de « Délit » s'il est grave, à côté de « Contravention » s'il est moins grave.

FAITS : Infractions aux lois

Crime

Délit

Contravention

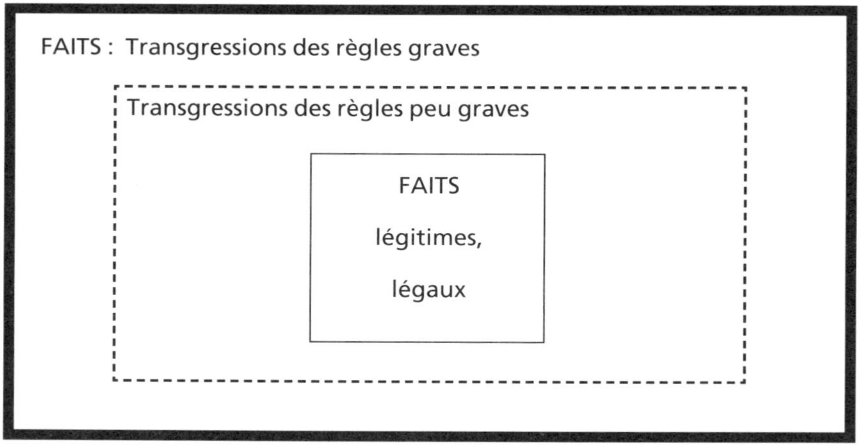

• Lorsque j'ai terminé de remplir mon cadre avec les faits de la liste, je confronte mes réponses avec celles des autres participants.

Tout public – Assez facile – 40 minutes – Préparation : se familiariser avec les notions présentées et le déroulement de l'exercice

L'**exercice** 75 permet de différencier les lois et les règles, l'interdit et le permis dans l'univers scolaire. Il est au service de la différenciation, de la classification et de la hiérarchisation des actes les uns par rapport aux autres.

Cet exercice doit être présenté et expliqué par les animateurs. Ceux-ci doivent organiser et accompagner les quatre étapes de l'exercice. Ils doivent expliquer de manière détaillée, si cela est nécessaire, la deuxième étape pour que chaque participant comprenne la distinction entre actes légitimes, transgressions des règles et infractions des lois. Ils doivent avoir une certaine connaissance juridique pour expliquer aux participants-jeunes les différentes infractions. Ils doivent s'assurer que chacun a saisi la distinction entre la **loi** et la **règle**.

La **loi** est donnée par les législateurs. La loi s'impose à tous les individus sur un même territoire. Elle ne se négocie pas. La loi est contraignante.

La **règle**, le règlement s'impose à des catégories d'individus : règlement scolaire, professionnel. Les règlements sont dictés par un groupe d'individus.

La troisième étape de l'exercice est un moment important et personnel. Chacun doit remplir son cadre, en son âme et conscience, en fonction de ses propres critères.

La quatrième étape est celle de la confrontation : « Comment chacun qualifie-t-il chaque fait ? » Cette partie de l'exercice ne doit pas être envisagée sous l'angle de la réussite ou de l'erreur. Chaque participant s'exprime, puis l'animateur énonce la qualification du fait dans l'établissement scolaire : légitime, transgression de la règle, infraction à la loi. S'il y a désaccord de l'un des participants sur la qualification du fait, l'animateur le renvoie au règlement intérieur ou au code pénal et ne cherche pas à le convaincre.

L'**exercice** 76 est à relier à l'exercice 75, mais il est souhaitable de ne pas le réaliser immédiatement après. Il a pour fonction de faire parler les participants sur les sanctions. Celles-ci qualifient des faits. Il existe donc des sanctions positives et des sanctions négatives. La sanction positive, sous forme de récompense, valorise un fait. La sanction négative a pour but de produire une forte impression sur celui qui a commis le fait afin de le dissuader de recommencer. L'exercice doit permettre une libre expression sur les différentes sanctions, leurs valeurs, leurs effets et sur la notion de culpabilité.

Les animateurs proposent aux participants une liste d'une dizaine de faits sélectionnés dans la liste utilisée dans l'exercice précédent. Ils demandent aux participants de réfléchir et de choisir la

76 EXERCICE

À chaque fait, sa sanction

• Je regarde le tableau ci-dessous qui comprend deux colonnes. À gauche, des faits différents, depuis ceux qui sont totalement interdits jusqu'à ceux qui sont autorisés. À droite, des sanctions différentes en rapport avec des faits différents.
• Je consulte la liste de faits qui m'est proposée par les animateurs. J'inscris le FAIT dans la catégorie correspondante. Je réfléchis (seul ou avec les autres membres du groupe) pour chercher et trouver la sanction la plus adaptée à ce fait.

FAITS : infractions aux lois	Quelles SANCTIONS ? (Privation de liberté, amende, travail d'intérêt général, autre...)
Crime : .... Délit : .... Contravention :	
FAITS : Transgressions du règlement	Quelles SANCTIONS ? (Exclusion, punition, réparation, rappel de la règle, autre...)
Transgressions graves des règles : .... Transgressions peu graves des règles :	
FAITS : Réglementaires	Quelles SANCTIONS ?
Actes attendus, légitimes, légaux :	

Tout public – Assez facile – 20 minutes – Préparation : se familiariser avec les notions présentées (sanction, punition ; prévoir une liste de faits)

sanction qui, selon eux, correspond à chaque fait. Chacun note dans son tableau la sanction correspondant au fait étudié. Cette première partie de l'exercice peut être menée collectivement et s'appuyer sur une réflexion commune. La mise en commun des réponses doit mettre au jour une échelle de sanctions adaptée aux différents faits. Il est souhaitable d'énoncer des sanctions proportionnées aux faits car les adolescents sont sensibles à la notion de « sanction juste ». Il est aussi souhaitable que les participants trouvent un accord sur le type de sanction à proposer en regard de tel ou tel fait.

Avant de proposer cet exercice, les animateurs doivent avoir acquis une information suffisamment vaste sur les sanctions civiles, pénales et éducatives.

77 EXERCICE

Je distingue les actes les uns des autres : qu'est-ce qui est normal pour moi ?

Nous ne nous conduisons pas tous de la même manière. Et nous n'avons pas les mêmes critères pour apprécier chaque comportement. Chacun de nous a ses propres normes pour qualifier les conduites. Telle manière de se conduire est normale, telle autre est bizarre, telle autre est anormale.
Je vais chercher les conduites qui sont, à mes yeux, normales, bizarres ou franchement anormales. J'inscris à l'intérieur du cadre les conduites normales. J'inscris à l'extérieur du cadre les conduites anormales. J'inscris entre les deux les conduites bizarres.

• Je commence par placer chaque situation : est-elle, à mes yeux, normale, bizarre ou anormale ?
Grignoter ou manger toute la journée.
Se mettre fréquemment en danger.
Se laver les mains après être allé aux toilettes.
Téléphoner souvent et longtemps à son(sa) meilleur(e) ami(e).
Regarder la télévision ou jouer sur l'ordinateur moins de deux heures par jour.
Parler tout seul dans un lieu public avec un interlocuteur imaginaire.
Consommer plusieurs fois par jour des produits ayant un effet sur le psychisme.
Aider une association humanitaire pendant une partie de ses vacances.

• Je cherche maintenant les conduites qui à mes yeux sont franchement anormales. J'en discute avec les autres participants à l'atelier de parole.

Parole, acte, conduite anormale

Parole, acte, conduite limite ou bizarre

Parole, acte, comportement normal

Tout public – Assez facile – 20 minutes – Préparation : se familiariser avec les notions présentées

Les normes pour distinguer les conduites les unes des autres se sont beaucoup individualisées. Ce qui est normal pour les uns peut être considéré comme véritablement anormal pour d'autres et inversement. L'**exercice** 77 doit permettre aux participants de confronter leurs normes, dans le respect de la position de chacun. L'objectif est de trouver des critères pour distinguer les conduites les unes par rapport aux autres. Critères qui peuvent évoluer au fur et à mesure de l'âge.

78 EXERCICE

Je distingue mon espace privé de l'espace public

Je ne peux pas tout faire partout. Dans mon espace privé, j'ai plus de liberté que dans l'espace public.

Qu'est-ce que je fais dans mon espace privé ? Qu'est-ce que je ne fais pas en dehors de chez moi ?

• J'inscris dans le cadre les conduites que je réserve à l'espace privé et que je ne fais pas ailleurs.

• J'inscris hors du cadre, dans l'espace public, ce que je fais aussi bien chez moi qu'à l'extérieur de chez moi.

1) Je commence par placer les situations suivantes :
Je mets ma musique à fond.
Je me dispute violemment avec mon(ma) meilleur(e) ami(e).
Je me couche sur un siège.
Je me promène nu.
Je converse au téléphone avec quelqu'un.
Je joue au football.

2) Je recherche ce que je fais exclusivement dans mon espace privé. Je l'inscris dans le cadre ci-dessous.

Espace public

Espace privé

Tout public – Assez facile – 20 minutes – Préparation : se familiariser avec les notions présentées

L'**exercice 78** s'inscrit dans le prolongement des trois exercices précédents. Il permet d'ajuster les comportements aux lieux dans lesquels ils se produisent. L'objectif de l'exercice est d'inciter les participants à réfléchir sur le fait que nous ne pouvons pas nous conduire partout de la même manière et à en chercher les éventuelles raisons.

L'**exercice 79** s'appuie sur l'affirmation que les règles et les lois sont difficiles à mettre en pratique. Il est donc nécessaire de s'aider les uns les autres pour les respecter. Pour être efficace, cette aide ne peut pas s'exprimer de manière agressive, mais de façon bienveillante par une phrase qui fait rire celui qui a transgressé la règle ou la loi.

Les animateurs accompagnent et participent à cet exercice quand il devient, en son point 3, un exercice de créativité.

EXERCICE 79

Dire les règles et les lois avec bienveillance et humour

Je lis, les uns après les autres, les différents paragraphes. Je réponds aux questions posées.

1) Les sociétés d'autoroute et la SNCF rappellent parfois aux usagers les règles et les lois de manière humoristique, à la manière des publicitaires.
Pourquoi la société d'autoroute a-t-elle inscrit sur les panneaux électroniques qui surplombent la route les messages suivants ?
« La météo varie, votre vitesse aussi. »
« Sur autoroute, pas de ceinture = 2 morts sur 5, alors bouclez-la ! »
« Papa, maman, je vous aime. »
« Prenez le temps de rester en vie. »
Pourquoi la SNCF a-t-elle, dans certains trains de grandes lignes, affiché le message suivant ?
« Ce coup de fil que vous passez à votre bureau est ultraconfidentiel. Qui vous dit que vous n'êtes pas assis à côté de votre principal concurrent ? »

2) Je cherche moi aussi une ou plusieurs manières humoristiques de dire à quelqu'un ce que j'ai à lui dire quand :
- il me bouscule et ne s'excuse pas ;
- il vient se placer devant moi dans une file d'attente ;
- il ne me répond pas, alors que je viens de lui dire bonjour (je le connais) ;
- il se moque, devant moi, de mon ami(e).

3) Je cherche avec les autres participants de l'atelier de parole des situations au cours desquelles une (ou des) personne(s) transgresse(nt) des règles, des lois.
Je leur en fais la remarque de manière bienveillante et humoristique. Qu'est-ce que je leur dis ?

Tout public – Assez facile – 20 minutes – Sans préparation

L'**exercice 80** a pour objectif de faire réfléchir et parler les participants-jeunes sur la toute-puissance, mise en scène et vantée par de nombreux médias.

80 EXERCICE

Est-ce que je veux devenir tout-puissant ?

Je lis chaque affirmation. Je cherche une situation pour l'illustrer. Je discute de cette affirmation avec les membres du groupe.

Moi, je ne crois qu'en moi, je n'ai confiance en personne d'autre.
Moi, je suis tout-puissant, il me suffit de le désirer pour obtenir ce que je veux.
Moi, je sais tout, je n'ai rien à apprendre, je ne me trompe jamais.
Moi, je suis le meilleur, je suis quelqu'un de très bien, je réussis tout ce que j'entreprends, je suis le premier en tout.
Moi, je suis parfait, je suis au-dessus des autres.
Moi, je suis tout-puissant, lorsque je fais quelque chose c'est parce que je le veux bien ; personne ne peut me l'imposer.
Moi, je peux me passer des autres pour vivre, je n'ai besoin de personne.
Moi, je suis le plus fort, je ne risque pas de me faire agresser, je domine tous ceux qui essayent de se mesurer à moi.
Moi, je ne suis pas violent, ce sont les autres qui le sont.
Moi, si je rencontre des obstacles ou des difficultés dans ma vie, c'est toujours de la faute des autres.
Moi, je suis exceptionnel, je n'ai pas besoin des lois pour vivre, je n'obéis qu'à moi-même. Je ne suis jamais coupable.
Moi, je suis immortel, il ne peut rien m'arriver.

Tout public – Assez facile – 15 minutes – Sans préparation

Les thèmes de la responsabilité et de la loi abordés dans ce chapitre sont complexes. Il est nécessaire d'approcher les exercices de manière très concrète à partir de situations de la vie quotidienne. Les participants-jeunes s'approprient ces notions à travers l'observation des effets et des conséquences de certains événements sur les personnes impliquées dans les situations étudiées.

chapitre 7

Apprendre la posture d'élève

Dans l'espace scolaire, l'enfant ou l'adolescent doit changer de posture mentale, relationnelle, sociale pour se comporter comme un élève. Un certain nombre d'enfants et d'adolescents acquièrent de manière implicite cette posture. Ils regardent les comportements des autres élèves et des professeurs dans l'espace scolaire. Ils écoutent les membres de leur entourage parler de l'école et de leurs propres parcours scolaires. Ils observent les réactions de leurs parents à l'égard de leur scolarité. Ils découvrent et apprennent ainsi progressivement les attitudes et les conduites à tenir lorsqu'ils sont en classe et dans l'établissement scolaire. Parallèlement, ils développent des représentations mentales constructives de l'institution scolaire à travers le sens et la valeur qu'ils lui accordent. En conséquence, ces enfants ou ces adolescents se montrent capables de s'adapter aux attentes et aux exigences de l'école, du collège ou du lycée. Ils acceptent de devenir, à certains moments, des élèves, sans avoir le sentiment d'y perdre leur identité propre. Ils ressentent l'identité sociale d'élève comme complémentaire de leur identité personnelle.

D'autres enfants ou adolescents n'adoptent pas la posture d'élève lorsqu'ils sont dans l'espace scolaire. Ils ne connaissent pas, ne comprennent pas ou ne supportent pas les attentes et les exigences de l'école à leur égard. Ils refusent, activement ou passivement, de s'adapter à l'institution scolaire. Ils ne mobilisent pas les savoir-être, les savoir-faire et les compétences nécessaires pour se comporter comme des élèves. Parallèlement, l'école, le collège ou le lycée a perdu, pour ces enfants ou ces adolescents et leurs familles, sa signification symbolique. L'école est réduite à sa seule dimension utilitaire. Sa seule valeur est de préparer l'enfant ou l'adolescent à un futur emploi qui lui procurera une identité professionnelle et un salaire. Redonner explicitement du sens à l'école devient une nécessité pour ces enfants ou ces adolescents qui ne lui accordent pas de valeur symbolique et qui peinent de plus en plus à lui accorder une valeur économique, compte tenu des difficultés actuelles en matière d'emploi.

Les documents de cette séquence ont pour fonction d'introduire ou de réintroduire la dimension symbolique et structurante de l'école dans le parcours de chaque jeune. Ils proposent une réflexion collective sur des questions que les jeunes n'ont pas l'habitude de se poser : « Comment l'école a-t-elle participé ou participe-t-elle à la construction de ma personne, de ma personnalité ? A-t-elle une (ou des) signification(s) pour moi ? À quoi me sert-elle sur le plan personnel ? Qu'est-ce qu'elle développe en moi ? »

Les exercices proposés dans ce chapitre ont pour but d'aider les adolescents à repérer, explicitement, certains aspects et certaines compétences à travailler pour occuper une posture d'élève dans un établissement scolaire.

Ces exercices peuvent dérouter les jeunes car ils ne sont pas habituels. Les animateurs doivent leur expliquer les exercices ou les accompagner pour qu'ils comprennent les consignes. L'implication personnelle et la participation active des animateurs au cours des différents exercices est fortement souhaitée pour faciliter l'implication des jeunes. Aussi les animateurs doivent-ils expérimenter eux-mêmes et entre eux ces exercices avant de les présenter aux adolescents.

L'**exercice 81** a été conçu pour faire parler et pour échanger avec d'autres. Les mots et les expressions ont été choisis parce qu'ils sont susceptibles de faire réagir les participants. Les animateurs précisent qu'il s'agit de trouver dans la liste, ou d'inscrire en supplément, les attitudes et les conduites les plus caractéristiques de l'élève. Ces éléments identitaires n'ont pas besoin d'être pratiqués par les participants pour être retenus, car la carte d'identité scolaire à mettre au jour est plus virtuelle que réelle.

La liste proposée ici n'est pas exhaustive. Les animateurs peuvent y ajouter d'autres éléments, comme ceux de la liste suivante :

Accepter les différences entre professeur et élève, formuler des hypothèses, lire les énoncés, comprendre les énoncés, accepter d'obéir sans se sentir infantilisé ou dominé, répondre à toutes les questions posées lors d'une évaluation, vivre sous surveillance, travailler seul, travailler de manière organisée, travailler vite, vivre en proximité avec des inconnus, se comparer aux autres, accepter les règles pour que la classe fonctionne, différer ses désirs personnels, développer la confiance en soi, aimer apprendre, aimer travailler, aimer écrire, ne pas compter son temps, travailler en équipe…

EXERCICE 81

Je construis ma carte d'identité d'élève

• Je lis les différents mots et expressions contenus dans la liste ci-dessous. Je choisis (en les entourant ou en les surlignant) les mots et les expressions qui correspondent le plus à ma représentation de l'élève. Je ne choisis pas plus de cinq mots ou expressions. J'explique mes choix aux autres participants.

Pour devenir ou être un élève, il est nécessaire de :

Être intéressé, motivé, curieux, patient, docile.
Savoir écouter, savoir se taire, savoir s'isoler des autres élèves pour faire son travail, savoir faire des efforts.
Participer, chercher par soi-même, réfléchir avant d'écrire ou de répondre, se poser les bonnes questions, suivre les consignes, travailler sous le regard des autres, prendre le travail scolaire au sérieux, faire un travail soigné, comprendre ce que l'on fait, travailler sans attendre une rentabilité immédiate.
Faire du mieux que l'on peut un travail non rétribué, qui n'a pas été choisi ou qui a été imposé ou qui n'a pas d'intérêt à ses yeux.

• J'ajoute les mots ou les expressions qui caractérisent mon identité scolaire, mais qui ne sont pas dans cette liste.

Tout public – Assez facile – 15 à 20 minutes – Sans préparation

L'**exercice 82** aborde les **différences culturelles** en les constatant. Il met au jour ou il rend visibles les différentes manières de se comporter dans des lieux différents. Les animateurs doivent expliquer le point 3 de l'exercice. Il s'agit, pour le participant- jeune, de mesurer de manière subjective la différence culturelle qui existe entre les deux univers dans lesquels il évolue. Plus l'écart culturel est important entre l'école et la famille, plus l'adolescent doit être inventif pour trouver des manières personnelles de s'adapter à la culture scolaire sans la dénigrer et sans mettre en danger sa culture personnelle ou familiale.

La culture représente l'ensemble des usages, attitudes, conduites, normes, représentations et manières de s'exprimer caractéristiques d'un groupe donné.

82 EXERCICE

Comment est-ce que je me comporte chez moi et dans le cadre scolaire ?

• Je lis chaque série de questions l'une après l'autre. Je cherche mes réponses. J'en discute avec les participants de l'atelier de parole.

1) Est-ce que je me comporte de manière différente dans des groupes différents ?
Comment est-ce que je me vois dans ma famille ?
Comment est-ce que je me vois en classe ?
Comment est-ce que je me vois dans mon groupe de copains ?
Je suis plutôt : dynamique, discret, boute-en-train, marginal, un boulet, effacé, méfiant, conformiste, mutique...
Je dirige les autres, je participe, je m'oppose aux décisions, je critique, je subis le groupe, je prends des décisions pour le groupe, je donne mon avis, je ne donne jamais mon avis, je me soumets à l'avis général...

2) Comment est-ce que je me comporte à l'égard des adultes dans des groupes différents ?
Dans ma famille, à l'égard de mes parents ?
En classe, à l'égard de mes professeurs ?
Je suis plutôt : agressif, copain/copain, respectueux, embêtant, soumis, agaçant, mielleux, méprisant, moqueur, attentif...
Je recherche les relations avec des adultes, je fuis les contacts avec les adultes...

3) Je mesure mes différences de comportement : y a-t-il un écart entre mes manières de me conduire chez moi et mes manières de me conduire au collège ou au lycée ? Quelle est, selon moi, la taille de cet écart ?

Pas d'écart entre	Maison-École
Faible écart entre	Maison----École
Écart important entre	Maison---------------École
Grand écart entre	Maison --- École

Tout public – Assez facile – 15 à 20 minutes – Sans préparation

L'**exercice 83** est un exercice de satisfaction qui permet de mettre au jour le ressenti (subjectif) de chaque participant-jeune à l'égard de l'établissement scolaire. Ce ressenti influe sur la motivation du jeune à se rendre chaque matin dans son collège ou son lycée.

L'**exercice 84** aborde un thème important dans la construction de la posture d'élève, celui de la signification symbolique de l'école pour chacun. La question du sens de l'école est d'abord approchée de manière littérale pour lancer les échanges. Il est souhaitable de dépasser rapidement ce niveau de langage pour amener chaque participant à s'exprimer sur la valeur et le sens symbolique qu'il accorde à l'école.

83 EXERCICE

Qu'est-ce que j'apprécie ?

Je lis chaque question. Je cherche mes réponses. J'en discute avec les membres du groupe.

• Qu'est-ce que j'apprécie dans l'établissement scolaire que je fréquente cette année ? Quels mots, quelles expressions est-ce que j'emploie pour le nommer ?

• Comment se nomme l'établissement ? Quelles sont les significations de ce nom ?

• Quel est mon degré de satisfaction à venir chaque matin dans l'établissement ? Plutôt content – Indifférent – Plutôt mécontent…

• Est-ce que je me sens chez moi lorsque je suis dans l'établissement ?

• Qu'est-ce que j'apprécie le plus quand je suis dans l'établissement ? (Je classe mes réponses par ordre de préférence.)

• Qu'est-ce que je n'apprécie pas du tout dans l'établissement ? (Je classe mes réponses par ordre de préférence.)

• Qu'est-ce qui me motive à me rendre chaque jour dans l'établissement scolaire ?

Les locaux	La classe	Un élève, d'autres élèves
Les professeurs	Les surveillants	D'autres adultes
Les cours	Les connaissances	Les activités

Autres réponses :

Tout public – Assez facile – 15 à 20 minutes – Sans préparation

84 EXERCICE

L'école a-t-elle du sens pour moi ?

Je réponds spontanément aux différentes questions de l'exercice. J'en parle avec les participants de l'atelier de parole.

Quel est le sens de l'école pour moi ?

Elle me tire vers le haut ↑ Elle me fait avancer → Elle me fait tourner en rond ↻

Elle me tire vers le bas ↓ Elle me fait reculer ←

À l'école, je suis plutôt acteur/actif (je participe) ou spectateur/passif (j'attends) ?

Qu'est-ce que l'école m'apporte ?

Qu'est-ce que l'école ne m'apporte pas ?

Aller à l'école, ne pas aller à l'école, au collège, au lycée : qu'est-ce que ça change pour moi ?

J'imagine ce que je serai ou ce que je ferai si, depuis plusieurs années, je n'étais pas allé à l'école, au collège, au lycée : je dresse mon portrait.

Tout public – Assez facile – 5 à 10 minutes – Sans préparation

L'**exercice 85** aborde le rôle de l'école sous l'angle symbolique. Cette approche n'est pas du tout habituelle. Si les animateurs ne sont pas vigilants, les échanges risquent de dériver rapidement vers la dimension économique ou utilitaire de l'institution scolaire. Ils doivent donc se préparer à cet exercice en le réalisant avec des collègues. Ils peuvent aussi proposer aux participants-jeunes (élèves de lycée) de classer les phrases par familles en cherchant préalablement des critères de classification.

EXERCICE 85

À quoi sert l'école ?

Je pioche dans les phrases écrites ci-dessous celles qui répondent le mieux, pour moi, à la question posée. Je ne choisis pas plus de dix phrases. Je discute de mes choix avec les membres du groupe.

L'école m'apporte des connaissances. Elle m'apprend à vivre avec les autres et dans un groupe. Elle développe ma personnalité. Elle procure un sentiment d'appartenance à un groupe d'âge et à un groupe de niveau. Elle développe l'esprit critique. Elle permet de se comparer aux autres. Elle favorise le passage de l'enfance vers l'âge adulte. Elle transmet des valeurs essentielles. Elle développe une identité sociale. Elle permet de connaître l'humanité à travers les âges et à travers les cultures. Elle conduit à passer du particulier au général. Elle développe la pensée. Elle développe des compétences et des capacités. Elle nourrit la curiosité. Elle participe à la formation du futur citoyen et du futur professionnel. Elle met à distance les émotions. Elle cultive la réflexion. Elle développe le raisonnement rationnel. Elle transmet les règles de vie en société. Elle permet de faire l'expérience de la vie dans un groupe non choisi. Elle alimente les projets futurs. Elle développe l'adaptation aux situations nouvelles par l'apprentissage. Elle permet de se faire des amis. Elle permet de rencontrer des adultes. Elle développe l'autonomie.

Public lycéen – Assez facile – 15 à 20 minutes – Préparation : se familiariser avec l'approche symbolique de l'école

L'**exercice 86** a pour fonction de rendre visibles des modes de fonctionnement scolaire et les stratégies utilisées par les jeunes pour y faire face ou les supporter. Les listes de stratégies proposées ici ne sont pas exhaustives. Les animateurs doivent encourager les participants-jeunes à chercher, à trouver et à formuler dans le groupe, leurs manières personnelles de se positionner dans le cadre d'un groupe non choisi et face à un travail à faire en classe.

86 EXERCICE

Quelles sont mes stratégies pour vivre en classe ?

Je lis chaque question. Je cherche les réponses qui me conviennent. J'en discute avec les autres participants de l'atelier de parole.

1) Quelles sont mes stratégies pour vivre dans la classe, alors que… ?
Je n'ai pas choisi ce groupe.
J'y suis sous le regard des autres et du professeur.
C'est un espace restreint.
J'y suis en grande proximité physique avec les autres.
J'y suis comparé aux autres.

Que faire pour supporter cette situation ?
S'isoler, subir, attendre, mener des activités personnelles, se faire remarquer, s'ennuyer, être patient, être passif, tuer le temps, avoir confiance en soi, s'adapter, s'impliquer, protéger sa tranquillité, protéger ses intérêts, participer, etc.

2) Quelles sont mes stratégies pour faire ou ne pas faire, en classe, un travail qui m'est demandé ?
Je coopère avec plaisir. Je ne trouve pas mon matériel pour faire le travail. Je fais semblant de travailler. J'hésite. Je fais le travail très vite pour m'en débarrasser. J'accepte de faire le travail. Je fais le travail comme on me dit de le faire sans me poser de questions. Je refuse de faire le travail. Je le fais avec lenteur. Je travaille de manière désordonnée. Je manifeste mon désintérêt. J'ai peur de faire ce travail. Je retarde le moment de le faire. Je me trouve incompétent pour faire le travail. Je fais diversion dans la classe pour ne pas faire le travail. Je conteste le travail demandé. Je pose des questions au professeur pour retarder le moment de le faire. Je refuse d'écrire. Je fais le contraire de ce qui m'est demandé.

Tout public – Assez facile – 15 à 20 minutes – Sans préparation

87 EXERCICE

En classe, je participe

Je lis chaque question. Je choisis ou je cherche mes réponses. J'en parle avec les participants de l'atelier de parole.

1) Je pense à un cours en particulier. Pendant ce cours, je me sens plutôt : à l'aise, bien dans ma peau, mal à l'aise, énervé…
J'apprécie d'être dans ce groupe. Je n'apprécie pas d'être dans ce groupe.

2) Pendant ce cours, comment est-ce que je ressens le groupe-classe ?
L'atmosphère et l'ambiance du groupe sont-elles plutôt agréables, lourdes, désagréables… ?
Le fonctionnement de la classe (travail, participation, relation au professeur) est-il satisfaisant, difficile… ?

3) Pendant ce cours, je me positionne par rapport aux objectifs du groupe-classe.
Quels sont les objectifs du groupe, du professeur ?
Est-ce que je partage ces objectifs ?
Le groupe pourrait-il avoir d'autres objectifs ?

4) Pendant ce cours, je me positionne par rapport aux règles que le groupe s'est fixées pour atteindre les objectifs.
Quelles sont les règles (explicites et implicites) mises en œuvre dans le groupe et pour le groupe ?
Ces règles permettront-elles d'atteindre les objectifs ?
Quelles autres règles puis-je proposer ?

5) Pendant ce cours, dans le groupe-classe, qu'est-ce que je fais ?
J'écoute, je rêve, je participe, je fais autre chose, je discute avec les autres participants, je prends des notes, je pose des questions, je ris, je dors, je m'ennuie, etc.

6) J'évalue mon intérêt pour ce cours (pourcentage de 0 à 100 %).
Je suis motivé, je suis intéressé, j'écoute, je suis attentif, je comprends, je réfléchis, je participe, j'intègre les connaissances, etc.

7) J'évalue ma participation active à ce cours (pourcentage de 0 à 100 %).
Qu'est-ce que je reçois des autres (enseignant, élèves) ?
Qu'est-ce que j'apporte, je donne aux autres (enseignant, élèves) ?

Public lycéen – Assez difficile – 20 à 25 minutes – Sans préparation

L'**exercice 87**, exercice d'analyse d'une situation de cours dans une classe, est difficile car il nécessite une forte motivation de la part des participants-jeunes pour le réaliser. Il permet un travail assez fin sur le fonctionnement d'un groupe à un moment donné, dans « l'après-coup » de la situation. Cet exercice s'adresse à des jeunes engagés dans des associations ou dans des structures du lycée (conseil d'administration, conseil de vie lycéenne, délégué de classe, etc.).

88 EXERCICE

En classe, je régule

Je lis chaque question. Je choisis ou je cherche mes réponses. J'en parle avec les participants de l'atelier de parole.

1) Dans la classe, où est-ce que je me mets de préférence ?
Pour quelles raisons, est-ce que je choisis cette place ?
Est-ce que cette position facilite ou inhibe ma participation à la vie du groupe ?

2) Dans la classe, parmi les autres, je me sens plutôt :
passif, spectateur, attentiste, consommateur / acteur, participant, impliqué, coopérant, partenaire / opposant, critique, en désaccord avec les autres / marginal, exclu, etc.

3) Pendant les cours, dans le groupe :
Quels sont les dysfonctionnements que j'observe ?
Quels sont les dysfonctionnements que je produis (régulièrement ou occasionnellement) ?
À mon avis, que pensent les autres participants de ces dysfonctionnements ?

4) Comment diminuer les dysfonctionnements durant le cours ?
Qui doit le faire ?
Comment procéder ?

5) Quelles améliorations peut-on apporter au fonctionnement du groupe pendant le ou les cours ?

6) Je commente les affirmations suivantes :
Plus un groupe est important, plus le sens de la responsabilité de chaque membre du groupe est faible, plus les risques de dysfonctionnements augmentent.
Dans un groupe, je suis coresponsable, avec l'enseignant et avec les autres participants, du bon fonctionnement du groupe ou du dysfonctionnement du groupe.

7) Comment est-ce que je participe ou pourrais participer à la régulation du groupe là où je suis ?
Comment est-ce que je ressens les interventions quand d'autres participants régulent le groupe ?

Public lycéen – Difficile – 20 à 25 minutes – Sans préparation

L'**exercice 88**, sur la régulation du groupe classe, s'appuie sur l'hypothèse que chaque élève doit participer à la régulation de la classe quand elle ne fonctionne plus. Le maintien de l'ordre dans la classe n'est plus uniquement l'affaire de l'enseignant quand un certain nombre d'élèves ne jouent pas le jeu scolaire. Au cours de cet exercice, les animateurs veillent à ne pas reprendre une posture d'enseignant. Ils accompagnent la réflexion des jeunes et leur recherche de réponses concrètes.

La maturité sociale est la capacité de réagir, dans une situation donnée, en tenant compte des usages, des règles et des lois.

Le QMSS de l'**exercice 89** n'est pas un test car il n'a pas été étalonné. Il est un outil de parole pour échanger sur des situations de la vie quotidienne scolaire. Il propose, pour chaque situation, des réponses différentes pour mettre en évidence différents niveaux de **maturité sociale**. Dans le cadre de l'atelier de parole, chaque question et ses réponses font l'objet de discussions et de réactions qui dépassent largement le cadre du questionnaire. Au moment de commencer l'exercice, les animateurs expliquent ce qu'est la maturité sociale à travers les réponses : la réponse la plus mature est la réponse la plus adaptée sur le plan social, celle qui est conforme au règlement intérieur et aux usages de l'établissement scolaire.

L'exercice est assez long, car il aborde un grand nombre de situations qui se produisent dans un établissement. Il peut ne pas être présenté dans son entier, mais par tronçons.

EXERCICE 89

Je remplis un questionnaire de maturité sociale scolaire (QMSS)

Je réponds avec spontanéité aux questions suivantes, en cochant ou en ajoutant la réponse qui correspond à ce que je fais habituellement dans cette situation, ou à ce que je pourrais faire.

1) Le matin, lorsque je suis malade et que je ne vais pas au collège ou au lycée :

☐ Je ne préviens pas l'établissement. J'apporte un mot d'absence ou un certificat médical lors de mon retour.
☐ Je préviens ou je fais prévenir l'établissement.
☐ Je fais moi-même le mot d'excuse à mon retour.
☐ Autre réponse : ....

2) Il m'arrive de ne pas me rendre à un ou plusieurs cours parce que je n'ai pas envie d'y aller. Qu'est-ce que je fais lorsque je reviens à ce ou ces cours ?

☐ J'essaye de ne pas me faire remarquer par l'enseignant.
☐ Je donne un mot d'absence que j'ai rédigé moi-même.
☐ Je vais m'expliquer avec l'enseignant.
☐ Autre réponse : ....

3) Durant un cours, qui ne m'intéresse pas…

☐ Je pense à autre chose, je m'avance dans mon travail, je révise un contrôle, je fais mon courrier, je m'amuse avec mes copains.
☐ Je fais des efforts pour suivre le cours.
☐ J'essaye d'écouter de temps en temps le cours.
☐ Autre réponse : ....

4) En classe, durant le cours et en présence du professeur, qu'est-ce que je fais ?

☐ Je discute avec mes camarades, je dors, je circule dans la classe…
☐ J'écoute et je demande la parole au professeur lorsque je veux intervenir.
☐ Cela dépend du professeur : s'il n'a pas d'autorité, je fais ce que je veux.
☐ Autre réponse : ....

5) Lorsque le professeur rend un devoir et que ma note ne correspond pas à ce que j'espérais :

☐ Je suis déçu, parfois furieux. Je pense que ce n'est pas de ma faute.
☐ Je vais m'expliquer avec l'enseignant à la fin du cours.
☐ J'aurais dû travailler plus, je me rattraperai lors du prochain devoir.
☐ Autre réponse : ....

6) Durant les contrôles ou les devoirs surveillés en classe, comment est-ce que je me comporte ?

☐ Je me débrouille tout seul, je fais ce que je peux.
☐ Comme je n'ai pas confiance en moi, je vérifie sur mon voisin s'il a écrit à peu près la même chose que moi.
☐ Je triche, je copie sur les autres.
☐ Autre réponse : ....

7) À l'égard des objets et des locaux dans l'établissement, comment est-ce que je me comporte ?

☐ En général, je ne dégrade rien.
☐ Je n'y fais pas attention, ce n'est pas mon problème.
☐ Ça ne me gêne pas de jeter mon chewing-gum par terre, de salir les tables, d'abîmer le matériel.
☐ Autre réponse : ....

8) Est-ce que je dois être responsable de mes actes en toutes circonstances ?

☐ Je respecte ce qui appartient aux autres car je n'aime pas que l'on abîme mes affaires. Quand j'abîme quelque chose, je propose de le réparer ou de le remplacer.
☐ Il m'est arrivé d'emprunter des fournitures scolaires ou des vêtements à un élève de la classe et de les garder parce qu'ils me plaisaient. Il m'est arrivé de détériorer du matériel dans l'établissement et de ne pas le dire.
☐ Si je casse ou si j'abîme quelque chose, je fais en sorte qu'un autre soit accusé à ma place.
☐ Autre réponse : ....

9) Au moment de l'entrée et de la sortie de l'établissement :

☐ J'entre ou je sors sans faire attention aux autres.
☐ Je me faufile, je me débrouille pour passer sans bousculer les autres.
☐ J'attends, parmi les autres, pour entrer ou sortir sans précipitation.
☐ Autre réponse : ....

EXERCICE 89

10) Quelles sont mes relations avec les élèves de ma classe ?

☐ Je discute ou j'essaye de discuter avec tous les élèves de ma classe.
☐ Je ne connais personne, je ne m'intéresse pas aux autres élèves de la classe.
☐ J'ai de bons copains et je ne m'occupe pas des autres.
☐ Autre réponse : ....

11) Comment est-ce que je me comporte à la cantine, quand je prends mes repas dans l'établissement ?

☐ En général, je respecte les usages, j'attends mon tour, je remercie les personnes qui font le service.
☐ Il m'est arrivé de me faufiler devant les autres pour ne pas attendre, d'oublier de débarrasser mon plateau ou de manger salement.
☐ J'ai trop faim pour me préoccuper des autres.
☐ Autre réponse : ....

12) Après avoir utilisé les toilettes de l'établissement, dans quel état je les laisse ?

☐ Je regarde la cuvette après avoir tiré la chasse d'eau et je nettoie lorsque cela est nécessaire.
☐ Les toilettes sont toujours sales, il n'y a pas de matériel pour nettoyer, ce n'est pas mon problème.
☐ Je ne fais pas attention.
☐ Autre réponse : ....

13) Quelle est mon attitude à l'égard des règlements en usage dans l'établissement ?

☐ J'essaye de respecter les règles inscrites dans le règlement intérieur.
☐ Un certain nombre de règles sont trop stupides et je ne les respecte pas.
☐ Je ne connais pas les règles, je fais ce que je veux.
☐ Autre réponse : ....

14) Comment est-ce que je me positionne, face à des opinions ou des savoirs avec lesquels je suis en désaccord ?

☐ J'en discute, je donne ma propre opinion, j'essaye de comprendre ce que l'on me dit.
☐ Je ne veux pas écouter, ça ne m'intéresse pas.
☐ J'essaye de trouver des arguments pour faire changer d'avis celui qui les tient.
☐ Autre réponse : ....

15) Lorsque deux élèves se disputent violemment devant moi, qu'est-ce que je fais ?

☐ Je n'y fais pas attention, je ne m'occupe pas des affaires des autres.
☐ Si ces élèves sont des copains, je leur parle pour qu'ils se calment.
☐ Si je ne les connais pas, je tente d'intervenir, je vais chercher un membre du personnel de l'établissement.
☐ Autre réponse : ....

16) Lorsque j'ai bousculé quelqu'un dans un couloir, qu'est-ce que je fais ?
☐ Je bouscule rarement quelqu'un.
☐ Je poursuis mon chemin.
☐ Je vérifie que je ne lui ai pas fait mal, je lui demande de m'excuser.
☐ Autre réponse : ....

17) Lorsqu'un élève a commis un grave délit ou une faute grave dans l'établissement et que j'ai appris assez précisément ce qui s'était passé, qu'est-ce que je fais ?
☐ Je ne réagis pas, ce n'est pas mes affaires, je n'ai pas envie d'avoir d'ennuis, je ne suis pas une balance.
☐ J'en parle à un membre du personnel en qui j'ai confiance.
☐ Si je le connais, je vais lui parler.
☐ Autre réponse : ....

18) Lorsque j'ai quelque chose à jeter et qu'il n'y a pas de poubelle à proximité, qu'est-ce que je fais ?
☐ Je le jette par terre.
☐ Cela dépend des moments, je le mets soit dans la poubelle, soit par terre.
☐ Je me déplace jusqu'à la poubelle la plus proche ou je mets l'objet dans ma poche et attends de le jeter dans la poubelle chez moi.
☐ Autre réponse : ....

19) Qu'est-ce que je fais lorsqu'un élève que je connais bien me confie ses graves problèmes familiaux, personnels ?
☐ À la première occasion, j'en parle à une personne de l'établissement en qui j'ai confiance.
☐ J'essaye d'en parler avec lui pour l'aider, le conseiller.
☐ Je garde le secret.
☐ Autre réponse : ....

20) Lorsqu'un professeur me fait, durant le cours, une remarque négative sur mon travail ou mon comportement, comment est-ce que je réagis ?
☐ Je manifeste mon mécontentement, je ne tiens pas compte de ce qu'il me dit.
☐ Je vais le voir à la fin du cours pour en discuter avec lui.
☐ Je prends bonne note de ses remarques.
☐ Autre réponse : ....

21) Comment est-ce que je réagis lorsque des élèves ou des membres de l'établissement transgressent devant moi une règle qui me paraît importante ?
☐ Je ne réagis pas, je m'éloigne, à chacun sa vie.
☐ Je leur fais une remarque.
☐ Je m'en plains auprès de mes copains ou d'autres personnes.
☐ Autre réponse : ....

22) Quelles sont les questions sur la vie quotidienne dans l'établissement scolaire qui n'ont pas été posées dans ce questionnaire ?

Tout public – Difficile – 50 à 60 minutes – Préparation : se familiariser avec la notion de maturité sociale

L'**exercice 90** synthétise certaines notions présentées séparément dans les exercices précédents. Il a pour but de faire parler sur les compétences à mettre en œuvre et sur les questions à se poser pour vivre paisiblement dans un groupe.

90 EXERCICE

Que dois-je faire pour vivre paisiblement avec les autres en classe ?

Je regarde le schéma. Je prends connaissance des compétences nécessaires pour vivre en groupe. Je lis les questions. J'en parle avec les participants de l'atelier de parole.

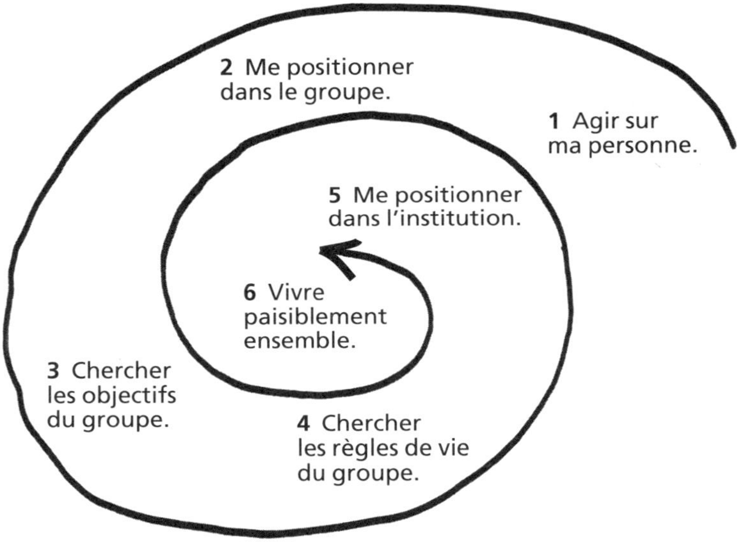

1) J'agis sur ma personne.
J'acquiers des compétences : j'apprends à m'apprécier. Je développe une bonne estime de moi-même. Je construis mon identité personnelle et sociale. Je m'affirme. Je m'exprime en disant « Je ». Je ne crains pas de perdre mon identité personnelle dans le groupe.
Je me pose une question : quelles sont les valeurs du groupe que j'accepte ?

2) Je me positionne dans le groupe.
J'acquiers des compétences : je développe mon sentiment d'appartenance au groupe. Je m'adapte, *a minima*, aux objectifs et aux règles du groupe. Dans le groupe, je parle parfois en disant « Nous ». J'existe dans le groupe car je passe sans cesse de Je à Nous.
Je me pose une question : quel est le meilleur positionnement à l'égard du groupe : participer, en étant avec le groupe ? S'opposer, en critiquant le groupe ? S'exclure, en étant en marge du groupe ?

90
EXERCICE

3) Je cherche les objectifs du groupe.
J'acquiers des compétences : je construis avec les autres membres du groupe des objectifs communs. J'apprends à discuter, à négocier et à argumenter pour défendre mon point de vue et le point de vue du groupe.
Je me pose des questions : quels sont les besoins du groupe ? Quels sont ses objectifs ? Quels sont les buts ou les projets du groupe ?

4) Je cherche les règles de vie du groupe.
J'acquiers des compétences : je deviens responsable de ce que je fais. Je prévois, j'assume mes actes. Je participe à la régulation du groupe.
Je me pose des questions : quelles sont les règles communes aux membres du groupe ? Quelles sont les règles nécessaires pour atteindre les objectifs ? Quels sont les dysfonctionnements qui se produisent le plus fréquemment ?

5) Je me positionne dans l'institution scolaire.
Je me pose des questions : quelle valeur est-ce que j'accorde à l'Éducation nationale ? Quel sens a ma présence dans l'établissement scolaire ? Qu'est-ce que je représente pour l'institution scolaire ?

Public lycéen – Assez difficile – 25 à 30 minutes – Préparation : se familiariser avec les notions présentées

L'**exercice 91** conclut la séquence sur la posture d'élève. Il évalue le travail accompli par chacun au cours des dix exercices précédents. Mais il peut être proposé indépendamment des autres exercices de la séquence. La formulation de chaque série de questions a souvent besoin d'être explicitée concrètement aux participants-jeunes pour qu'ils cherchent leurs réponses.

Lorsque l'atelier de parole se déroule dans le cadre scolaire et avant de présenter les exercices de ce chapitre aux jeunes, il est nécessaire que les animateurs aient défini leurs objectifs. Car il est très tentant de vouloir utiliser ces exercices pour modeler ou formater les jeunes et d'en attendre des effets immédiats. Or ces exercices ont été conçus principalement pour parler, avec d'autres, de l'élève, de son identité, de ses caractéristiques, de ses comportements afin de donner à chacun une certaine visibilité de sa posture.

91 EXERCICE

À quelles questions faut-il répondre pour construire sa posture d'élève ?

Je vais remplir les sept pétales de la marguerite en cherchant et en trouvant, avec les autres participants à l'atelier de parole, les réponses aux sept séries de questions que je lis une par une. Chaque pétale correspond à une série de questions.

1re série - L'école a-t-elle du sens pour moi ? Quelles sont ses significations, ses valeurs, ses finalités, ses rôles : à quoi me sert-elle, dans ma vie personnelle ? Quelle valeur mes parents accordent-ils à l'école ?

2e série - Quels sont mes motifs pour me rendre chaque jour dans mon établissement scolaire (mon collège ou mon lycée)? Qu'est-ce qu'il peut m'apporter ? Comment est-ce que j'adhère à la manière dont on vit dans cet établissement : est-ce que j'en accepte les usages, les règles… ?

3e série - Qu'est-ce que ma classe peut m'apporter ? Quel est l'intérêt pour moi de vivre dans ce groupe ? Puis-je vivre dans ce groupe tout en conservant mon identité personnelle ?

4e série - Que représentent pour moi mes enseignants ? Puis-je leur faire confiance, me laisser guider par eux ? Sont-ils crédibles à mes yeux ? Ont-ils de l'autorité sur moi ?

5e série - Quelle importance et quelles valeurs est-ce que j'accorde aux connaissances, au savoir ? En quel état est mon désir d'apprendre ? Qu'est-ce que je ressens, qu'est-ce que je pense lorsque j'apprends des nouvelles connaissances ?

6e série - Quelle importance et quelles valeurs est-ce que j'accorde aux savoir-faire, aux méthodes, aux exercices, aux manières d'apprendre, aux compétences ? Comment est-ce que j'apprends ? Comment est-ce que je travaille ?

7e série - Quel est mon désir d'adolescent de devenir élève à certains moments de l'année et de ma journée ? Est-ce que j'accepte d'utiliser mon énergie pour apprendre, pour faire des efforts plutôt que pour faire ce dont j'ai envie ? Quelle place, quelle valeur a mon identité d'élève dans mon identité personnelle ?

Si je réponds à plus de 50 % des questions posées, si je remplis plus de 50 % des pétales de la marguerite, je peux inscrire au centre, dans le cœur de la marguerite, le mot « élève ». Dans le cas contraire, j'inscris le mot « adolescent ».

Tout public – Difficile – 30 à 35 minutes – Préparation : se familiariser avec les questions

chapitre 8

Échanger sur des thèmes particuliers

Les exercices papier-crayon contenus dans ce chapitre n'ont pas pour fonction de transmettre des savoir-être et des compétences sociales pour vivre avec les autres, mais de « lancer et stimuler » les échanges entre les participants en les faisant réagir. Ces exercices se sont ajoutés aux exercices précédents, au fur et à mesure du déroulement des séquences d'ateliers de parole.

Les thèmes proposés dans ce chapitre correspondent à des sujets abordés et discutés spontanément par des adolescents au cours d'un autre exercice. Les animateurs se sont trouvés alors mal à l'aise face à la digression dont ils étaient témoins, n'ayant pas d'outil de parole adapté au sujet en question. Ce chapitre aborde des thèmes particuliers susceptibles d'intéresser les adolescents. Si l'un de ces thèmes surgit de manière spontanée au cours d'un atelier de parole, les animateurs écoutent et accompagnent les échanges. Ils proposent un exercice adapté à ce thème au cours d'une séquence ultérieure de l'atelier de parole.

Au fur et à mesure que des thèmes nouveaux apparaissent au cours des ateliers de parole, les animateurs peuvent créer des exercices adaptés, permettant d'échanger sur ce sujet particulier. L'exercice est construit sous la forme interrogative. Il propose diverses possibilités de réponses à discuter dans le cadre du groupe.

L'**exercice 92** aborde un sujet délicat et subtil : la parole et ses fonctions. La parole intérieure et les échanges avec d'autres participent à la construction psychique de soi et au tissage de liens symboliques avec les autres. L'objectif de l'exercice est d'échanger sur la parole et de permettre aux adolescents d'entrevoir la valeur symbolique de celle-ci : quel est le rôle de la parole pour chacun d'eux ?

La deuxième partie de l'exercice est consacrée à une discussion sur des expressions et locutions en lien avec la parole : que signifient-elles ? Peut-on les illustrer avec des exemples ? Qu'en pense-t-on ?

La signification des expressions[1] se trouve en annexe, page 189.

92 EXERCICE

Parole, paroles : je parle, tu parles, nous parlons...

Je lis et réponds au fur et à mesure aux questions ou aux consignes proposées. J'en discute avec les participants à l'atelier de parole.

1) La parole est-elle nécessaire, essentielle, inutile... pour vivre entre humains ? Pourquoi parler ?
Pour dire quelque chose d'important. Pour se connaître soi-même. Pour connaître l'autre. Pour entrer en relation avec autrui. Pour dire des banalités, pour éviter le silence. Autres réponses...

2) Qu'est-ce que je pense des affirmations et expressions suivantes :
La parole est d'argent, mais le silence est d'or.
Je te crois sur parole.
C'est un homme de parole.
Les paroles s'envolent, les écrits restent.
N'avoir qu'une parole.
Parole d'évangile.
Parole d'honneur.
Boire les paroles de quelqu'un.
Couper la parole.
Se payer de paroles.
Tenir parole.
Passer la parole à quelqu'un.
Parler à un sourd.
Parler comme un moulin.

3) Quelles sortes de paroles est-ce que j'échange avec : le boulanger, mon père, ma mère, mon frère, ma sœur, mon ami(e) de cœur, mon (ma) meilleur(e) ami(e), quelqu'un que je croise dans la rue et qui s'efface pour me laisser passer... ?

Paroles utilitaires, intimes, de politesse, impersonnelles, personnelles...

Tout public – Difficile – 15 à 20 minutes – Préparation : se familiariser avec les fonctions symboliques de la parole

1. *Dictionnaire des expressions et locutions,* Le Robert.

L'**exercice 93** aborde la perception que chacun a de lui-même en ce moment précis. Il permet à la fois de préciser cette perception de soi, de la qualifier en termes de ressenti et de l'expliquer de manière causale. Certains participants-jeunes acceptent de faire l'exercice, individuellement, en écrivant leurs réponses, mais refusent de les exprimer oralement. Il est alors souhaitable de respecter leur pudeur. Les animateurs, quant à eux, les encouragent en participant activement à l'exercice.

93 EXERCICE

En quel état j'erre ?

Je lis et je réponds à chaque question en entourant la réponse qui me paraît la plus révélatrice de l'état dans lequel je suis en ce moment. J'en discute avec les participants de l'atelier de parole.

1) Physiquement, je me sens :

☐ Fatigué(e) ☐ Pas très en forme ☐ En forme ☐ En excellente forme

➜ Pourquoi ? Je cherche les causes de mon état physique.

2) Psychiquement, je me sens :

☐ Épuisé(e) ☐ Il ne faut pas trop m'en demander

☐ Je vais assez bien ☐ Je vais très bien

➜ Pourquoi ? Je cherche les causes de mon état psychique.

3) En quel état est mon désir d'agir ou de faire quelque chose ?

☐ Je suis trop fatigué(e) pour avoir envie de faire quelque chose.

☐ Je n'ai pas beaucoup de désirs, ni de projets et pas beaucoup d'énergie pour les réaliser.

☐ J'ai quelques désirs et projets et j'arrive à les réaliser.

☐ J'ai la tête pleine de désirs, d'envies, de projets. Je n'aurai pas assez d'une vie pour les réaliser !

➜ Pourquoi ? Je cherche à expliquer cet état.

4) En quel état est mon intérêt pour les autres ?

☐ Je ne m'intéresse pas aux autres, je n'ai pas d'amis. Je suis seul(e), je n'aime pas les autres. Ils m'ont beaucoup déçu(e).

☐ Je n'ai pas beaucoup d'amis. J'ai du mal à donner mon amitié à quelqu'un. Je peux me passer des autres pour vivre.

☐ J'ai suffisamment d'amis. Je suis satisfait(e) des relations que j'ai avec les autres.

☐ Passer du temps avec d'autres personnes me fait du bien.

☐ Sans les autres, je n'existe pas. J'ai besoin de côtoyer, de rencontrer, de vivre avec d'autres personnes. J'aime les discussions, les échanges. J'aime particulièrement rencontrer des personnes d'une culture différente de la mienne.

➜ Pourquoi ? Je cherche à expliquer cet état.

Tout public – Assez facile – 15 à 20 minutes – Sans préparation

L'**exercice 94** a pour but d'apprendre à se positionner par rapport aux produits licites et illicites ayant des effets sur le psychisme en modifiant le ressenti corporel, émotionnel, relationnel, psychique de celui qui les consomme. Les quatre premiers aspects questionnent l'adolescent dans son expérience singulière. Mais l'exercice aborde aussi le produit sous des angles peu habituels pour des adolescents : santé publique, consommation, loi du marché, droit, représentation sociale du produit, etc. Les animateurs doivent accompagner les participants dans ce questionnement général. Ils l'illustrent par des exemples précis, préparés préalablement sous forme de questions, de récits ou de courts textes documentaires. L'objectif de l'exercice est de faire parler, de faire s'exprimer les participants-jeunes sur un produit particulier, envisagé sous toutes ses dimensions.

94 EXERCICE

À quoi peut servir un produit toxique ?

- J'identifie un produit précis (alcool, tabac, médicament neuroleptique, drogue…) qui a des effets sur le psychisme. Je l'inscris dans le centre de la roue.
- Je remplis ensuite les différentes parties de la roue en répondant, sous neuf aspects différents, à la question posée.
- J'inscris ma ou mes réponses dans la partie correspondante de la roue.

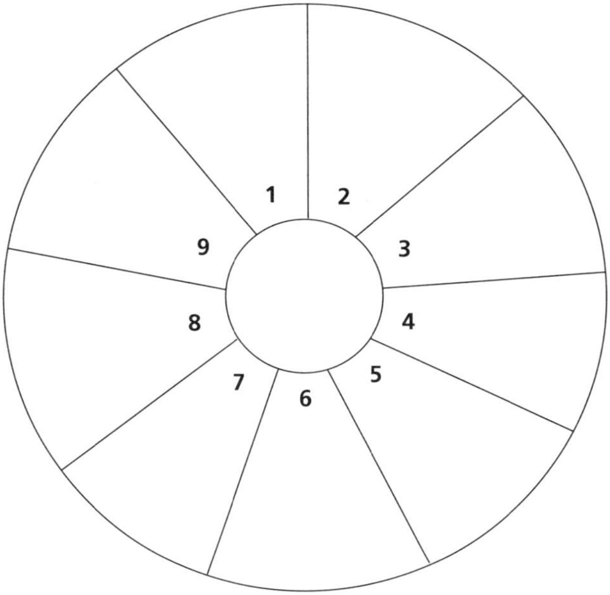

94 EXERCICE

Quels sont les bienfaits et les désagréments que ce produit peut…

1) … m'apporter sur le plan physique (effets sur le corps, l'état général, les sens, etc.) ?

2) … m'apporter sur le plan psychique (effets sur le mental, l'attention, le comportement, le ressenti, la personnalité, etc.) ?

3) … m'apporter dans le cadre de mes relations affectives avec un(e) ami(e) ?

4) … m'apporter dans le cadre d'un groupe, d'une fête (effets sur l'atmosphère ou l'ambiance du groupe, sur le déroulement de la fête,etc.) ?

5) … produire en termes de santé publique (protection des individus, risques, prise en charge médicale, coût des soins, prévention, etc.) ?

6) … produire en termes de droit pénal, de droit international (législation commerciale – répression de l'ivresse publique –, législation sur les stupéfiants, infraction, sanction pénale, criminalité internationale, etc.) ?

7) … produire sous l'angle des représentations sociales (manière dont il est consommé aujourd'hui, manière dont il était consommé antérieurement, regard de la société sur le consommateur et sur le produit, banalisation du produit, rôle du produit sur l'individu, responsabilité de l'individu, etc.) ?

8) … produire en termes économiques (loi du marché, économie parallèle, travail illégal, etc.) ?

9) … produire en termes politiques (droit à la santé, poids des libertés individuelles, contrôle social, responsabilités publiques, etc.) ?

Public lycéen – Difficile – 30 à 40 minutes – Préparation : se familiariser avec les questions posées

L'**exercice 95** aborde la notion de **conflit** qui se distingue de la notion de violence, abordée dans l'exercice suivant (n° 96). Il est important que les animateurs intègrent la distinction entre l'un et l'autre concept[2]. L'exercice a pour fonction de repérer les modes de fonctionnement de chacun face à un conflit. Celui-ci fait partie des relations humaines. Il est donc important de modifier nos représentations péjoratives du conflit et d'essayer d'y faire face par la communication. Le point 2 de l'exercice porte sur des affirmations vraies ou fausses. Les animateurs trouveront les réponses en annexe, page 190.

Le conflit est choc, opposition entre des contraires. Il se résout, en général, par la discussion, le dialogue, la recherche d'un compromis qui permet de trouver une solution sans gagnant ni perdant.

2. Se reporter au 1er chapitre de l'ouvrage *Prévenir et gérer la violence en milieu scolaire* (voir la bibliographie, p. 182).

EXERCICE 95

Parlons de nos conflits

Je lis chaque paragraphe qui comprend une question et des propositions de réponses. Je choisis mes réponses. J'en parle avec les participants de l'atelier de parole.

1) Le conflit entre des personnes (ou des groupes) : qu'est-ce que c'est ?

Dispute, désaccord, divergence, confrontation, opposition, bagarre, joute…

Il s'exprime par des émotions comme la colère, l'énervement…

Il s'exprime par des attitudes comme le défi, l'insolence, la passivité, la provocation…

Il s'exprime par des mots, des paroles, comme…

2) Vrai ou faux ?

☐ Le conflit est une forme de violence.
☐ S'il y a conflit, c'est qu'il y a échec de la relation entre les personnes.
☐ Le conflit est un combat avec un gagnant et un perdant.
☐ Le conflit de besoin est plus facile à gérer que le conflit de valeurs.

3) Quelles sont mes attitudes habituelles face aux conflits ?

☐ La négation : « Il n'y a pas de problème ! »
☐ La banalisation pour minimiser le conflit : « Ce n'est pas grave, ce n'est pas la peine d'en faire un drame ! »
☐ L'évitement : Je perçois le conflit, mais je préfère l'ignorer.
☐ La fuite : Je m'éloigne de la source du conflit.
☐ La soumission : Je préfère me taire et accepter la position de l'autre.
☐ La confrontation par la force : « Je ne vais pas me laisser marcher sur les pieds ! » Comment est-ce que je procède alors ? (Crier, humilier, frapper…)

➜ Quelles peuvent être les conséquences de mon attitude ?

4) Quelles sont les compétences nécessaires pour arriver à faire face au conflit sans entrer dans le rapport de force ? (J'entoure les compétences qu'il serait souhaitable que je développe personnellement.)

Le respect des autres y compris quand ils partagent un avis différent du mien, la communication par le dialogue, l'écoute, l'affirmation de soi, la négociation, la recherche de compromis, la capacité à exprimer mes émotions, la maîtrise de soi, la coopération, la créativité, la capacité à différencier l'acte de la personne qui le commet, la confiance en soi, etc.

Tout public – Assez facile – 15 à 20 minutes – Préparation : se familiariser avec la notion de conflit

L'**exercice 96** présente des locutions et des mots sur la violence, à partir desquels la parole peut circuler entre les participants, pour confirmer ou infirmer ce qui est écrit ou dire ce à quoi ces mots font penser. Il aborde de manière ordonnée la réflexion sur la violence. Les échanges entre les participants doivent rester paisibles. Il est souhaitable que les animateurs se familiarisent préalablement avec la notion de **violence**, qui recouvre des formes précises.

Les points 3 et 5 de l'exercice s'appuient sur des expressions dont les significations se trouvent en annexe, page 190.

La violence a pour fonction de détruire. Elle se manifeste par des actes qui sont des infractions au code pénal.

96 EXERCICE

Parlons de la violence

Je lis chaque question. Je cherche ma ou mes réponses dans la liste proposée. J'en discute avec les membres du groupe.

1) La violence, qu'est-ce que c'est ?
Agression, force, emportement, coup, choc, bagarre, gifle, calotte, volée, raclée, bastonnade, mépris, combat, guerre, pugilat, collision, rivalité, conflit, tuerie, carnage, rançon.
Abattre, frapper, brutaliser, humilier, blesser, détruire, faire mal, se faire mal.
Autre réponse…

2) Quels sont les expressions, les images et les mots utilisés pour exprimer la violence ?
La violence ressemble à un barrage qui craque.
Faire violence à quelqu'un, se faire violence.
Frapper comme un sourd, ou bourrer, rouer de coups.
La violence détruit la victime.
On peut tuer avec des mots, des regards.

3) Comment se manifeste la violence ?
Se battre comme des chiffonniers.
Se crêper le chignon.
Jouer des poings.
Avoir une dent contre quelqu'un.
Battre froid à quelqu'un.
Donner des coups bas.
Faire un mauvais coup.
Colère blanche, bleue, noire…
Passer sa colère.
Tomber à bras raccourcis.

96 EXERCICE

4) À quoi sert la violence ?
« Il ne faut pas se laisser marcher sur les pieds. »
Recourir à la violence est le plus sûr moyen pour se faire entendre des autres et obtenir quelque chose.
La violence a pour but de supprimer quelqu'un ou de détruire quelque chose.
« La violence, ça fait du bien, quand on a mal... Je deviens violent lorsque je suis trop énervé. »
La violence sème le désordre dans les groupes, la discorde entre les personnes, la confusion dans les esprits.
Régner par la violence.

5) Qu'est-ce que je pense de la violence ?
Tout ce qui est violent n'est pas durable.
La colère est mauvaise conseillère.
Autre réponse...

Tout public – Assez facile – 15 à 20 minutes – Préparation : se familiariser avec la notion de violence

L'**exercice 97** est difficile et délicat à présenter aux adolescents car nous n'avons pas l'habitude, dans notre culture, de parler de la guerre[3]. Un exercice de parole sur la guerre peut faire surgir des paroles longuement contenues. Certains adolescents sont intarissables sur ce sujet qui est fortement chargé sur le plan moral et émotionnel. La discussion peut mettre au jour de fortes réactions de colère ou de tristesse, renforcées par l'impuissance dans laquelle nous sommes, individuellement, face à la guerre.

Il est souhaitable que les animateurs se préparent sur le plan psychique pour animer les échanges sur cet exercice et préparent les adolescents : rester calme, gérer ses émotions, s'apaiser, s'écouter les uns les autres, parler sans chercher à imposer son point de vue...

3. Les informations chiffrées ont été empruntées au *Courrier de l'ACAT* n° 263 (mars 2006).

97 EXERCICE

Parlons de violence guerrière

Je lis et je réponds à chaque question. J'en parle avec les participants de l'atelier de parole.

1) Quand j'entends le mot « guerre », à quels conflits armés est-ce que je pense ?

2) Qu'est-ce que je ressens, quand je pense à la guerre ?

3) Quelles sont, pour moi, les conséquences principales de la guerre ?

4) Qu'est-ce que je pense des armes pour tuer en lisant les informations ci-dessous ?
Plus de 1000 personnes sont tuées chaque jour à cause de la violence armée.
16 milliards de munitions sont produites chaque année dans le monde.
4 000 jeunes de moins de 18 ans ont trouvé la mort par armes à feu au Brésil, dans le seul état de Rio, au cours des quatorze dernières années.
639 millions d'armes légères circulent dans le monde, soit une arme pour dix personnes.
La Chine, les États-Unis, la France, le Royaume-Uni, la Russie sont responsables de 88 % des exportations mondiales d'armes.

5) Qu'est-ce que je pense du viol, comme arme de guerre ? Je lis les informations ci-dessous.

L'expression « viol comme arme de guerre » apparaît pour la première fois en 1994, lors de la 27e conférence de l'UNESCO à Genève.
Lors du siège de Nankin entre décembre 1937 et janvier 1938, les militaires japonais auraient violé entre 20 000 et 80 000 Chinoises.
Durant l'année 1971, les soldats pakistanais auraient violé 200 000 femmes bangladeshies.
Durant la guerre en ex-Yougoslavie, 20 000 viols auraient été commis.

Tout public – Assez difficile sur le plan émotionnel – 15 à 20 minutes – Se préparer psychologiquement

L'**exercice 98** sur le bonheur et ses représentations est un exercice agréable, plaisant, qui recharge les batteries intérieures. Il permet à chacun de parler de sa conception du bonheur et des manières de l'atteindre. Des expressions et locutions sont proposées au point 1 (concernant être heureux). Les animateurs trouveront les significations de ces expressions en annexe, page 191.

Le point 2 de l'exercice propose de réfléchir sur les représentations collectives du bonheur, avec des phrases d'auteur[4]. Il existe

4. Les phrases ont été trouvées dans le livre de Janine Boissard *Les Secrets du bonheur* (voir bibliographie, p. 182).

plusieurs centaines de phrases sur ce thème. Les animateurs peuvent modifier la liste des phrases choisies, supprimer certaines phrases et en ajouter d'autres.

98 EXERCICE

Où est le bonheur ?

Je lis chaque question. Je cherche ma ou mes réponses. J'en parle avec les participants à l'atelier de parole.

1) Quels sont les mots qui peuvent signifier, pour moi, le bonheur ?
Félicité, béatitude, délice, chance, veine, aubaine, bonne fortune, bien-être, confort, plaisir, satisfaction, contentement, enchantement, ravissement, joie, extase, pays de cocagne, paradis...

Quels sont les autres mots ou expressions que je peux utiliser quand je suis heureux ?
Content, enchanté, satisfait, joyeux, gâté, excité, ravi, je suis bien dans ma peau, je suis bien dans ma tête, je suis comme un coq en pâte, je suis aux anges, je suis né sous une bonne étoile...

2) Quelles sont, parmi les expressions ci-dessous, celles qui correspondent le mieux à mon idée du bonheur ? (J'explique mon ou mes choix.)

« Il faut essayer d'être heureux ne serait ce que pour donner l'exemple. » Jacques Prévert
« Veux-tu vivre gaiement ? Chemine avec deux sacs, l'un pour donner, l'autre pour recevoir. » Goethe
« Et pourtant je vous dis que le bonheur existe
Ailleurs que dans le rêve ailleurs que dans les nues
Terre, terre, voici ces rades inconnues. »
Louis Aragon
« Le bien est plus intéressant que le mal parce qu'il est plus difficile. » Paul Claudel
« Il peut y avoir de la honte à être heureux tout seul. » Albert Camus
« Le bonheur est dans l'âme bien plus que dans les choses. » Augustin Guillerand
« L'homme le plus heureux est celui qui fait le bonheur d'un plus grand nombre d'autres. » Denis Diderot
« Le secret du bonheur, c'est savoir se contenter de ce qu'on a. » Albert Willemetz
« Le bonheur c'est savoir ce que l'on veut et le vouloir passionnément. » Félicien Marceau
« Le plus souvent, on cherche son bonheur comme on cherche ses lunettes : quand on les a sur le nez. » François Droz

Tout public – Facile – 20 à 25 minutes – Sans préparation

Le texte proposé dans l'**exercice 99** est une entrée en matière pour parler de l'adolescence. Il suscite des réactions nombreuses. Il provoque un effet de sens sur les lecteurs et les auditeurs. Il est l'occasion d'une discussion très vaste sur le thème. Les animateurs veillent à ne pas laisser les échanges s'exprimer exclusivement sur un mode pessimiste : l'adolescence n'est pas une maladie, mais un temps de passage, dynamique et parfois excessif de l'enfance vers l'âge adulte.

EXERCICE 99

L'adolescence est-elle un moment difficile ?

Je lis avec les autres participants de l'atelier de parole cet extrait du livre d'Éric-Emmanuel Schmitt, *Ma vie avec Mozart*[5]. J'exprime ce que je ressens et ce que je pense à la lecture de ce texte.

« À quinze ans, j'étais fatigué de vivre... De quoi souffre-t-on à quinze ans ?...
De ça, justement : d'avoir quinze ans. De ne plus être un enfant et pas encore un homme. De nager au milieu du fleuve, une rive quittée, l'autre non rejointe, buvant la tasse, coulant, remontant, luttant contre les tourments du courant avec un corps nouveau qui n'a pas fait ses preuves, seul, suffoqué.
Violents, mes quinze ans, rudes. La réalité frappe, entre, s'installe et trucide les illusions. Gamin, je pouvais me rêver mille destinées — aviateur, garagiste, prestidigitateur, pompier, vétérinaire, garagiste, prince d'Angleterre —, m'imaginer de nombreuses apparences — grand, fin, trapu, musclé, élégant — me doter de talents variés — les mathématiques, la musique, la danse, la peinture, le bricolage —, m'attribuer le don des langues, la facilité pour le sport, l'art de la séduction, bref, je pouvais me déployer dans tous les sens puisque je n'avais pas encore de réalité... Quinze ans, voilà que mon champ d'action se rétrécissait, les possibles tombaient comme des soldats à la guerre, mes rêves aussi. Charnier. Massacre. Je marchais dans un cimetière de songes. »

Tout public – facile – 10 à 15 minutes – Sans préparation

5. É.-E. Schmitt, *Ma vie avec Mozart*, © Albin Michel, 2005.

L'**exercice 100** est un prétexte pour parler de nos comportements. Chaque expression peut être illustrée par un exemple ou une réflexion personnelle. Les animateurs trouveront les significations des expressions dans la partie Annexes de l'ouvrage, page 191.

Ce type d'exercice peut être conçu avec des animaux ou des fleurs. Il permet à la fois de parler de nos attitudes et de nos conduites, mais aussi d'apprendre à mieux connaître les expressions et locutions de la langue française. Il peut être élargi aux expressions et locutions utilisées dans d'autres langues.

EXERCICE 100

J'utilise les couleurs pour m'exprimer

Je lis les expressions ci-dessous. Je cherche celles que j'utilise lorsque je parle. Je discute avec les participants de l'atelier de parole de ces expressions : que signifient-elles ? Quelles autres expressions sont utilisées aujourd'hui à partir des couleurs ?

Voir rouge.
Rouge comme une tomate.
Se fâcher tout rouge.
Méchant comme un âne rouge.
Blanc comme un linge.
Broyer du noir.
Bête noire.
Jaune comme de la cire, un citron, un coing.
Être peint en jaune.
Rire jaune.
Faire des contes jaunes.
Faire grise mine.
Être marron.
Aller du blanc au noir.
Être dans le bleu.
En voir des bleues.

Tout public – Facile – 10 à 15 minutes – Sans préparation

Certains exercices, aussi divers que ceux qui sont proposés dans ce chapitre, sont susceptibles d'alimenter un atelier de parole, quand ils traitent de sujets qui « touchent », interpellent, préoccupent ou concernent les adolescents. Ce chapitre pourrait être enrichi par des exercices sur le goût (vestimentaire, musical…) et ses critères, sur l'avenir et ses projets, etc.

Conclusion

Dans de nombreux établissements scolaires, des membres du personnel mettent en place des groupes de parole pour des élèves. Ces initiatives reposent localement sur quelques personnes, le plus souvent des infirmiers, assistants sociaux, conseillers principaux d'éducation ou d'orientation, psychologues, qui ont une expérience des relations individualisées avec des élèves et notamment des relations d'aide... Ils proposent en général aux élèves des moments de débat à partir de thèmes choisis préalablement.

L'atelier de parole pour adolescents, proposé dans cet ouvrage, ne ressemble pas tout à fait à un groupe de parole. Il présente une dimension pédagogique. Il s'appuie sur des exercices qui sont à la fois des outils pour parler et faire parler, mais aussi pour apprendre des postures relationnelles et des compétences sociales.

Les bénéfices psychiques liés à l'atelier de parole sont ressentis et exprimés par l'ensemble des participants, animateurs et adolescents. Les animateurs volontaires apprennent à se positionner en tant que « personnes » face à des « personnes ». Ils élargissent leurs modalités de relations avec les élèves pour les prendre en compte, à certains moments, comme adolescents. Cette démarche a pour effet d'améliorer leurs relations avec les élèves auxquels l'atelier est proposé/imposé. Certains de ces adolescents ne reconnaissent pas volontiers l'impact des séquences de parole sur leur comportement. Pourtant, leur attitude évolue au fur et à mesure du déroulement des rencontres. Leur inhibition initiale, ou refus de participer aux activités sous la forme de repli sur soi ou de mutisme, se transforme petit à petit en attitude d'écoute attentive et de participation ponctuelle à certains exercices. Cette évolution est à la fois liée à la nature des exercices proposés et à l'attitude des animateurs qui tolèrent ces adolescents tels qu'ils sont, tout en les sollicitant pour participer aux activités.

Les moments d'atelier de parole proposés à des jeunes volontaires sont particulièrement intéressants et enrichissants, voire émouvants, pour les uns et les autres. Les adolescents les plus expansifs expriment volontiers leur satisfaction d'avoir pu enfin parler librement avec leurs professeurs. Ils expriment aussi leur plaisir d'avoir pu communiquer avec des adultes sur des sujets qui les concernent. Les adolescents les plus âgés apprécient ces moments de parole au cours desquels ils s'expriment devant d'autres. Ils acquièrent ainsi une meilleure connaissance d'eux-mêmes et une certaine aisance pour parler de ce qu'ils sont. Les animateurs découvrent certains jeunes à travers ces animations. Les uns et les autres s'enrichissent mutuellement. La qualité des paroles prononcées et des échanges entre les participants, animateurs et jeunes, est rendue possible grâce au contrat initial, dont les animateurs sont les garants, et à la technique utilisée qui s'appuie sur les effets de sens des paroles des uns sur les autres.

Annexes

Références bibliographiques

ARRIVÉ Jean-Yves, *Savoir vivre ses émotions,* Retz, 2001.
BOUVARD Martine, *Questionnaires et échelles d'évaluation de la personnalité,* Masson, 2002.
BEAVER Diana, *À chacun sa manière d'apprendre,* Interéditions, 1999.
BOISSARD Janine, *Les Secrets du bonheur,* Le Livre de Poche, 2004.
CARRÉ Christophe, *Savoir communiquer avec un groupe,* Retz, 1999.
Code civil, Dalloz.
Code Junior, Les droits et les obligations des moins de 18 ans, Dalloz.
Courrier de l'ACAT (revue de l'action des chrétiens pour l'abolition de la torture), n° 263, mars 2006, pages 10 et 15.
CUNGI Charly, *Savoir gérer son stress,* Retz, (1999) 2006.
CUNGI Charly et LIMOUSIN Serge, *Savoir se relaxer,* Retz, (2003) 2006.
Dictionnaire des expressions et locutions, Le Robert, 1989.
HÉRIL Alain et MÉGRIER Dominique, *Techniques théâtrales pour la formation d'adultes,* Retz, (1999) 2004.
KERLAN Alain, *Philosophie pour l'Éducation,* ESF, 2003.
READ MACDONALD Margaret, *Choisir la paix – 33 contes et proverbes des 4 coins du monde,* Édition et diffusion par le GRAD, site Internet : www.globenet.org/grad
SCHMITT Éric-Emmanuel, *Ma vie avec Mozart,* Albin Michel, 2005.
TARTAR GODDET Édith, *Prévenir et gérer la violence en milieu scolaire,* Retz, 2006.

▷ **Adresses, sites Internet et documentation utiles**

Génération Médiateurs : 39, rue des Amandiers – 75020 Paris.
Site Internet : www.gemediat.org
Non Violence Actualité : Centre de ressources – BP 241 – 45202 Montargis cedex.
Site Internet : www.nonviolence-actualité.org
Affiche : « coopérer ça enrichit la vie » Non Violence Actualité diffusion.

Fiches de présentations croisées

▷ **Tableau n° 7 : « Se présenter les uns et aux autres » , page 26**
Chaque fiche peut être utilisée en l'état ou remaniée par les animateurs. Elle permet de faire connaissance les uns avec les autres, tout en développant des compétences relationnelles entre les personnes qui se questionnent mutuellement : attention à l'autre, écoute, bienveillance…
Un animateur peut présenter un jeune et inversement. Deux jeunes peuvent se présenter entre eux.

Pour un public de collégiens :

Questions pour le (ou la) présenter au groupe

Comment t'appelles-tu ?
ou Comment vous appelez-vous ?
(Nom et prénom)

Quelle est l'activité que tu préfères faire ?
Quelle est l'activité que vous préférez faire ?
- dans le cadre scolaire, au collège,
- dans le cadre professionnel,
- dans ta (votre) vie personnelle.

Quel est ton dessert ou gâteau préféré ?
Quel est votre dessert ou gâteau préféré ?

Aimes-tu les activités physiques ?
Aimez-vous les activités physiques ?
Quelle est celle que tu préfères ?
Quelle est celle que vous préférez ?

Quelle est ton émission de télévision préférée ?
Quelle est votre émission de télévision préférée ?

Pour un public de lycéens :

Questions pour le (ou la) présenter au groupe

Comment t'appelles-tu ?
ou Comment vous appelez-vous ?
(Nom et prénom)

Si je te demandais de te présenter en quelques mots, que dirais-tu de toi ?
Si je vous demandais de vous présenter en quelques mots, que diriez-vous de vous ?

Quelle est l'activité que tu préfères faire ?
Quelle est l'activité que vous préférez faire ?
(au lycée, dans le travail et dans la vie personnelle)

Quelles sont les activités culturelles que tu apprécies le plus ?
Quelles sont les activités culturelles que vous appréciez le plus ?

Quels sont ton plat et ton dessert préférés ?
Quels sont votre plat et votre dessert préférés ?

Quelles activités physiques aimes-tu faire ?
Quelles activités physiques aimez-vous faire ?

Quel est le pays, quelle est la culture que tu apprécies le plus ?
Quel est le pays, quelle est la culture que vous appréciez le plus ?

Autres questions ?

Pyramide des besoins

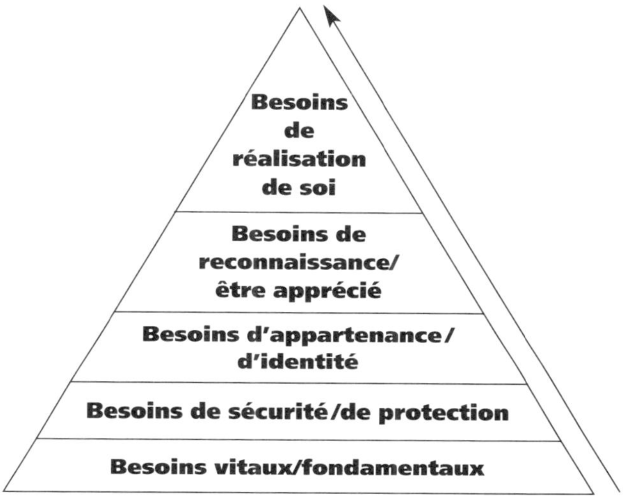

▷ **Exercice n° 5 : « Quels sont les besoins nécessaires pour vivre en humain ? », page 39**

La pyramide des besoins de Maslow, créée en 1943, est utile pour comprendre les besoins de chacun et des groupes.

Les besoins sont hiérarchisés et interdépendants les uns des autres.

Lors de la correction (non évaluante), l'animateur indique la hiérarchie des besoins telle que Maslow l'a définie.

Chaque besoin, après avoir été identifié, sera illustré par un ou plusieurs exemples ; exemples apportés par les jeunes ou l'animateur.

« Les besoins vitaux, ou besoins fondamentaux, constituent la base de la pyramide. Ils concernent toutes les activités liées à l'équilibre physiologique : boire, manger, dormir, se reproduire, voir...

Les besoins de sécurité : pour pouvoir aller vers les autres, l'individu doit se sentir en sécurité, à l'égard de tout danger physique et psychologique.

Les besoins d'appartenance : l'individu a besoin de partager avec d'autres des valeurs, des croyances, des représentations... Il a besoin de se construire une identité.

Les besoins de reconnaissance : l'individu a besoin d'être reconnu par d'autres, accueilli, accepté tel qu'il est. Ce besoin, quand il est satisfait (c'est-à-dire quand les autres manifestent intérêt, valorisation pour ce qu'il réussit, pour ses compétences), participe à l'appréciation de soi, à l'estime de soi.

Les besoins de réalisation de soi occupent le palier supérieur. Pour s'épanouir et quand les autres besoins sont pris en compte, l'individu peut donner libre cours à sa personnalité, à ses capacités d'entreprise, de création, d'investissement...[1] »

1. C. Carré, *Savoir communiquer avec un groupe*, Retz, 1999.

▷ Exercice n°12 : « Qu'est-ce que je ressens ? », page 53

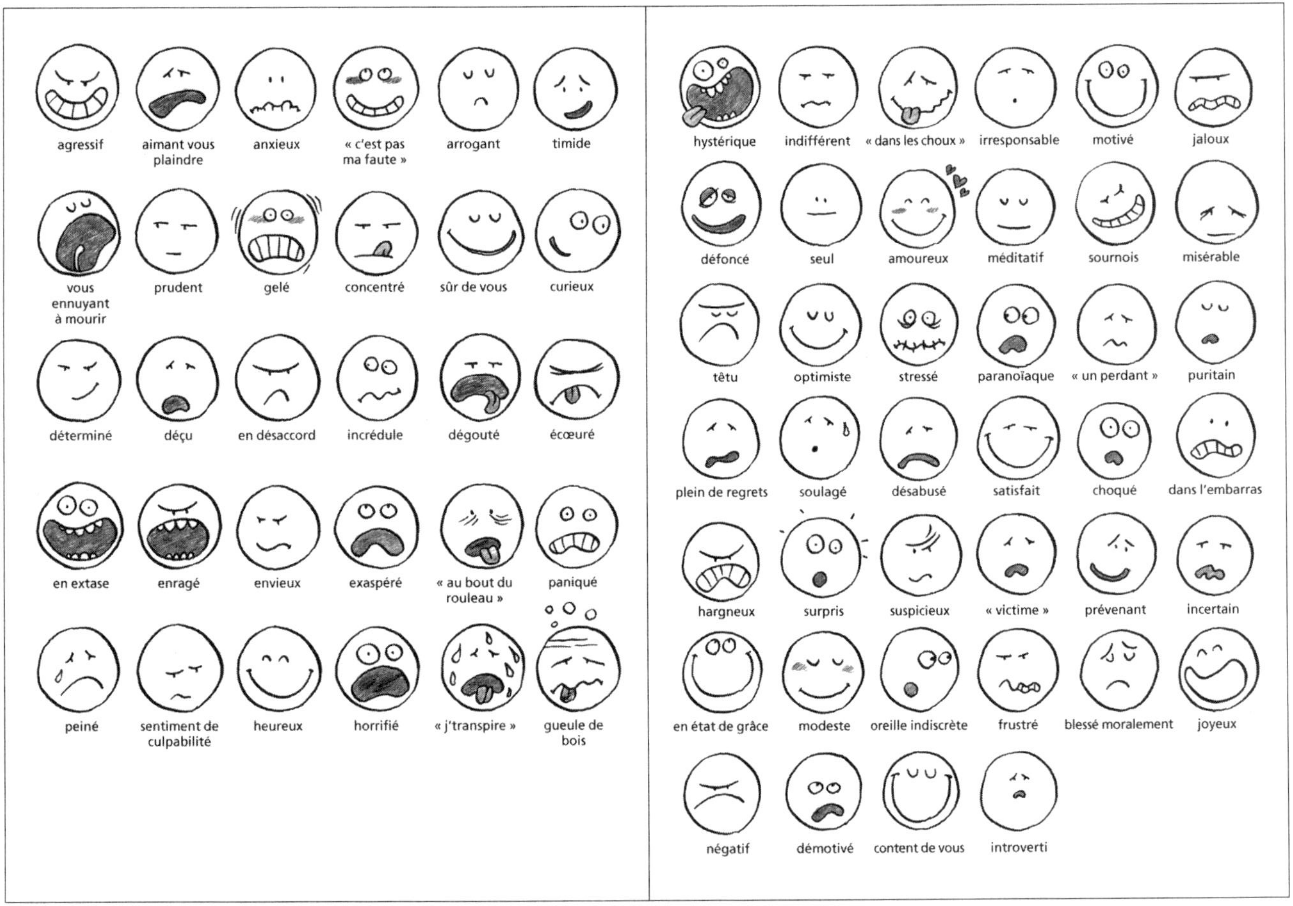

Les émotions et les sentiments dans la vie quotidienne

▷ Tableau des émotions[2]

Peur	Joie	Colère	Tristesse
Angoisse	Allégresse	Agacement	Abattement
Anxiété	Amusement	Amertume	Affliction
Appréhension	Contentement	Contrariété	Apathie
Crainte	Enchantement	Énervement	Chagrin
Frayeur	Enthousiasme	Froideur	Découragement
Horreur	Exubérance	Fureur	Dépression
Inquiétude	Gaieté	Hostilité	Désenchantement
Nervosité	Jubilation	Irritation	Désespoir
Terreur	Liesse	Mécontentement	Mélancolie
Trac	Plaisir	Rage	
	Ravissement	Rébellion	
	Satisfaction	Révolte	

▷ Tableau des sentiments

Amitié	Amour	Hostilité
Affection	Passion	Antipathie
Sympathie	Tendresse	Haine
Délicatesse	Ardeur	Humiliation
Tendresse	Affection	Indignation
	Détresse	

2. Emprunté à J.-Y. Arrivé dans son ouvrage intitulé *Savoir vivre ses émotions*, Retz, 2001.

Faire avec l'autre, plutôt que faire sans l'autre ou contre l'autre

▷ Exercice n° 20, page 65

Parole, paroles : je parle, tu parles, nous parlons

▷ **Exercice n° 92, page 168**

Signification des expressions présentées à la suite de la question « Qu'est-ce que je pense des expressions et affirmations suivantes ? » :

« **La parole est d'argent, mais le silence est d'or** » : quelle que soit la valeur de la parole, le silence peut être plus précieux.

« **Je te crois sur parole** » : croire dans les seules déclarations, sans preuve tangible.

« **C'est un homme de parole** » : quelqu'un qui tient ses promesses, sur qui l'on peut compter.

« **N'avoir qu'une parole** » : être fidèle à ses promesses, tenir ses engagements.

« **Parole d'évangile** » : vérité indubitable.

« **Parole d'honneur** » : promesse, engagement solennel.

« **Boire les paroles de quelqu'un** » : l'écouter avec un intérêt passionné.

« **Se payer de paroles** » : se contenter de promesses, d'assurance verbale.

« **Tenir parole** » : remplir ses engagements, tenir ses promesses.

« **Parler à un sourd** » : parler à quelqu'un qui ne comprend pas ou ne veut pas comprendre.

« **Parler comme un moulin** » : parler vite et de manière intarissable sur des sujets sans intérêt.

▷ **Exercice n° 95, page 172 : réponses au point 2 de l'exercice**

Le conflit est une forme de violence : faux. La violence a pour fonction de détruire alors que le conflit a pour fonction d'aider les personnes qui s'opposent à chercher et à trouver des solutions qui soient satisfaisantes pour les unes et les autres.

S'il y a conflit, c'est qu'il y a échec de la relation… : faux. Il n'y a pas de relations humaines sans conflits, sans désaccords, sans oppositions. Le conflit n'est pas une faute, ni une erreur. Passer par le conflit permet de réaménager les relations, les rapports préalablement insatisfaisants.

Le conflit est un combat avec un gagnant et un perdant : faux. La violence a pour effet d'écraser ou de dominer autrui. Le conflit peut être résolu, sans gagnant ni perdant ou gagnant-gagnant ou perdant-perdant à condition de mettre en œuvre une résolution du conflit par la médiation, le dialogue…

Le conflit de besoin est plus facile à gérer que le conflit de valeurs : vrai. Le conflit de besoin porte sur des faits concrets entre lesquels la personne doit faire des choix (faire la vaisselle ou regarder la télévision…). Le conflit de valeurs est difficile à gérer car il implique la personne dans son identité propre et sa responsabilité (il n'est pas facile lorsque l'on est un comptable honnête de faire les faux en écriture demandés par son patron).

▷ **Exercice n° 96, page 173**

Signification des expressions des points 2, 3 et 5 :

« **Faire violence à quelqu'un** » : le faire agir contre sa volonté ou abuser de lui par la force ou la ruse.

« **Se faire violence** » : se contraindre à faire quelque chose.

« **Se battre comme des chiffonniers** » : se battre avec violence.

« **Se crêper le chignon** » : se battre (entre femmes).

« **Avoir une dent contre quelqu'un** » : lui garder rancune.

« **Battre froid à quelqu'un** » : être froid et désagréable avec lui.

« **Colère blanche** » : colère violente mais contenue.

« **Tout ce qui est violent n'est pas durable** » : comme l'orage, tout ce qui est excessif ne dure pas.

« **La colère est mauvaise conseillère** » : il ne faut rien faire sous l'emprise de la colère.

▷ Exercice n° 98, page 176

Quels sont les autres mots ou expressions que je peux utiliser pour dire que je suis heureux ?

« **Être comme un coq en pâte** » : être bien soigné, avoir toutes ses aises.

« **Être aux anges (être parmi les anges)** » : être ravi, très heureux. (Dans les pays de culture religieuse, le bonheur est souvent assimilé au paradis parmi les autres.)

« **Être né sous une bonne étoile** » : avoir de la chance (l'étoile symbolise la destinée).

▷ Exercice n°100, page 178

Significations des expressions présentées au cours de l'exercice :

« **Voir rouge** » : concevoir une vive colère.

« **Rouge comme une tomate (coq, coquelicot, écrevisse..)** » : personne dont le teint est très rouge.

« **Se fâcher tout rouge** » : se mettre violemment en colère.

« **Méchant comme un âne rouge** » : être très méchant. (Au XVe siècle, rouge signifie rusé et roux ; roux, dès le XIIIe siècle, signifie déloyal.)

« **Blanc comme un linge** » : s'emploie pour qualifier le teint, blanc comme un drap.

« **Broyer du noir, idées noires** » : être déprimé, triste.

« **Être la bête noire de quelqu'un** » : personne ou chose que quelqu'un déteste, qu'il ne peut supporter.

« **Jaune comme de la cire (citron, coing)** » : qui a le teint très jaune.

« **Être peint en jaune** » : être trompé par sa femme.

« **Rire jaune** » : rire avec contrainte.

« **Faire des contes jaunes** » : raconter des histoires invraisemblables.

« **Faire grise mine** » : avoir l'air triste, déconfit.

« **Être marron** » : être refait (expression rattachée à marron au sens de clandestin, illégal).

« **Aller du blanc au noir** » : passer d'un extrême à l'autre, changer complètement d'avis.

« **Être (nager) dans le bleu** » : vivre dans le rêve, l'irréel.

« **En voir des bleues** » : supporter des choses désagréables.

Direction éditoriale : Sylvie Cuchin
Édition : Céline Lorcher
Corrections : Florence Richard
Mise en page : Christine Paquereau
Illustrations : Jörg Maillet

N° de projet : 10138943 – Dépôt légal : juillet 2007
Achevé d'imprimer en France sur les presses d'EMD SAS, 53 110 Lassay-les-Châteaux, N° 17527